高等院校海洋科学专业规划教材

U0388527

海洋沉积动力学实验

Experiments of Marine Sediment Dynamics

杨日魁　林振镇　陈蕴真◎编著

 中山大学出版社
SUN YAT-SEN UNIVERSITY PRESS

·广州·

内容提要

本书以海洋沉积动力学、河口沉积学及河口动力学等常见的研究对象为目标，依照教学的需要设计了 9 个实验，包括实验方案、实验报告样本。同时，为了帮助读者更好地理解、掌握实验方法及分析技巧，书中也根据需要编写了相应的基础理论、实验仪器与设备的使用等。

书中实验方案是作者在多年的野外观测、样品分析和"海洋沉积动力学实验"课程教学的基础上不断积累创新而成，报告样本是基于课程中的实际报告编著而得，原味地展示了实验过程的图片和数据，具有较强的可读性和可操作性。

图书在版编目（CIP）数据

海洋沉积动力学实验/杨日魁，林振镇，陈蕴真编著. —广州：中山大学出版社，2018.4

（高等院校海洋科学专业规划教材）

ISBN 978 – 7 – 306 – 06153 – 9

Ⅰ. ①海… Ⅱ. ①杨… ②林… ③陈… Ⅲ. ①海洋沉积—动力学—实验—教材 Ⅳ. ①P736. 21 –33

中国版本图书馆 CIP 数据核字（2017）第 200596 号

Haiyang Chenji Donglixue Shiyan

出 版 人：徐　劲
策划编辑：曹丽云
责任编辑：曹丽云
封面设计：林绵华
责任校对：曾育林
责任技编：何雅涛
出版发行：中山大学出版社
电　　话：编辑部 020 – 84110771，84113349，84111997，84110779
　　　　　发行部 020 – 84111998，84111981，84111160
地　　址：广州市新港西路 135 号
邮　　编：510275　　　　传　真：020 – 84036565
网　　址：http：//www. zsup. com. cn　　E-mail：zdcbs@ mail. sysu. edu. cn
印 刷 者：佛山市浩文彩色印刷有限公司
规　　格：787mm×1092mm　1/16　10.875 印张　260 千字
版次印次：2018 年 4 月第 1 版　2018 年 4 月第 1 次印刷
定　　价：45.00 元

总　　序

海洋与国家安全和权益维护、人类生存与可持续发展、全球气候变化、油气与某些金属矿产等战略性资源保障等休戚相关。贯彻落实"海洋强国"建设和"一带一路"倡议，不仅需要高端人才的持续汇集，实现关键技术的突破和超越，而且需要培养一大批了解海洋知识、掌握海洋科技、精通海洋事务的卓越拔尖人才。

海洋科学涉及领域极为宽广，几乎涵盖了传统所熟知的"陆地学科"。当前海洋科学更加强调整体观、系统观的研究思路，从单一学科向多学科交叉融合的趋势发展十分明显。海洋科学本科人才培养中，如何解决"广博"与"专深"的关系，非常关键。基于此，我们本着"博学专长"理念，按"243"思路，构建"学科大类→专业方向→综合提升"专业课程体系。其中，学科大类板块设置基础和核心2类课程，以培养宽广知识面，掌握海洋科学理论基础和核心知识；专业方向板块从第四学期开始，按海洋生物、海洋地质、物理海洋和海洋化学4个方向，"四选一"分流，以掌握扎实的专业知识；综合提升板块设置选修课、实践课和毕业论文3个模块，以推动更自主、个性化、综合性的学习，养成专业素养。

相对于数学、物理学、化学、生物学、地质学等专业，海洋科学专业开办时间较短，教材积累相对欠缺，部分课程尚无正式教材，部分课程虽有教材但专业适用性不理想或知识内容较为陈旧。我们基于"243"课程体系，固化课程内容，建设海洋科学专业系列教材：一是引进、翻译和出版 Descriptive Physical Oceanography: An Introduction, 6 ed [《物理海洋学》（第 6 版）]、Chemical Oceanography, 4 ed [《化学海洋学》（第 4 版）]、Biological Oceanography, 2 ed [《生物海洋学》（第 2 版）]、Introduction to Satellite Oceanography（《卫星海洋学》）等原版教材；二是编著、出版《海洋植物学》《海洋仪器分析》《海岸动力地貌学》《海洋地图与测量学》《海洋污染与毒理》《海洋气象学》《海洋观测技术》《海洋油气地质学》等理论课教材；三是编著、出版《海洋沉积动力学实验》《海洋化学实

1

验》《海洋动物学实验》《海洋生态学实验》《海洋微生物学实验》《海洋科学专业实习》《海洋科学综合实习》等实验教材或实习指导书，预计最终将出版40余部系列性教材。

教材建设是高校的基本建设，对于实现人才培养目标起着重要作用。在教育部、广东省和中山大学等教学质量工程项目的支持下，我们以教师为主体，及时地把本学科发展的新成果引入教材，并突出以学生为中心，使教学内容更具针对性和适用性。谨此对所有参与系列教材建设的教师和学生表示感谢。

系列教材建设是一项长期持续的过程，我们致力于突出前沿性、科学性和适用性，并强调内容的衔接，以形成完整知识体系。

因时间仓促，教材中难免有所不足和疏漏，敬请不吝指正。

《高等院校海洋科学专业规划教材》编审委员会

序

　　海洋沉积动力学是海洋科学专业重要的教学内容之一，主要包括流体运动、沉积物输移以及沉积与地层等内容。因研究对象——沉积物、泥沙或者颗粒物，在自然界具有极其广泛的普遍性，该课程成为海洋沉积地貌学、近岸海洋工程、海洋生态学等学科中共同的教学内容。海洋沉积动力学既是一门理论性课程，也是一门实践性很强的课程。然而，长期以来，其实验教材建设一直是该课程教学活动的瓶颈。

　　自 2009 年以来，中山大学海洋科学学院在海洋科学专业本科教学中首次设立海洋沉积动力学专业必修课程，同时开设海洋沉积动力学实验课，分别从理论和实践上使学生能够系统、全面地掌握海洋沉积动力学的基本概念、基础理论和基本技能，提高对与海洋颗粒物运动有关的海洋工程、海洋环境与生态的理解和认识。

　　为了总结和提升海洋沉积动力学实验课程教学效果，在多年的本科教学实验活动的基础上，我们组织编写了本实验教材，分别从基础理论、实验室管理、常用仪器和设备、实验内容四个方面进行阐述，并给出部分实验报告样本，希望对海洋科学及相关专业的课程教学有一定的帮助。

　　海洋沉积动力学是一门仍处于发展中的学科，本实验课程教材的出版也只是一个阶段性的总结，仍存在许多不够完善的地方，错误之处也在所难免，希望起到抛砖引玉的作用。

吴加学

2017 年 10 月

前　　言

海洋沉积动力学实验课程安排为 36～54 学时，须在学生掌握海洋沉积动力学、河口沉积学或河口动力学等学科基础知识后开设。

课程内容以学生野外采集和室内操作为主，教师现场指导为辅。实验课程的安排上，因样品采集、处理过程历时长，需确保课程时间有较大的机动性。

实验方案遵循教学需求设计，希望通过实验原理讲解，示范操作步骤分解，让学生在熟悉实验目的和方法的基础上，自行动手完成每个实验，全面熟悉沉积动力学实验的分析方法、操作技能和实际应用；通过数据分析与处理，巩固所学的理论知识，培养观察能力和综合分析能力，并将理论与实际相结合，提高创新思维和独立解决问题的能力。

同时，实验课程应该考虑为有科研创新需求的学生定制个性化的实验方案，比如，解决具体科学问题的实验方法、现有实验器材的改进探索等。注重培养学生解决科学问题的能力和技术开发能力，让学生深刻体会严谨操作和实事求是的科学精神，提升自主学习能力和实际操作能力，提高参与知识建构的积极性、自觉性，增强社会竞争力。

课程采用多媒体与传统教学、室内与野外观测相结合的教学方式。除实验操作以小组为单位完成外，其他的部分，包括预习、数据整理、结果的分析和讨论、实验报告的形成等均要求每位学生独立完成。课程中采用教与学互动：

1. 学生课前必须做好预习环节，掌握实验原理及方法，查询相关背景资料，锻炼文献检索能力，充分做好实验前的准备。

2. 教师实验前向学生介绍实验守则和实验室的安全注意事项，以及课程内容、操作演练、操作检查、数据处理、实验报告的书写等。

3. 教师确保基本设备器材供给充分，安排好公用仪器的使用时间和使用次序。学生应正确使用仪器设备。

4. 课程中教师应全程跟进，发现学生操作不规范时，应及时指出和

更正。

另外，强化学生实验技能考核，建立能够反映学生科学实验能力和科学探索潜力的考核方式。实验报告是课程考核的重点依据，重在考查学生的数据整理与分析、深入讨论实验结果（包括理论知识验证）的能力，以及从发现到思考，再到解决问题的过程。要求学生独立进行实验数据的整理、分析，形成合格的实验报告，并结合理论研究形成科学论文，进一步培养学生的论文写作能力，逐步成为具有独立科研能力的人才。考核结果还参考课程中的实验结果、实验态度、实验室常识及技能的掌握情况等。

经过多年的教学实践探索，尚未找到合适的教材。为教学需要，我们编写了本书。由于初次编写，时间紧迫，加上水平有限，虽经反复修正和校核，错误及疏漏仍在所难免，期盼同仁深入探讨，不吝赐教！

本教材在编写过程中，得到吴加学教授的高度关心和支持，他对包括编章内容、组织结构、图表格式等均给予了无私的指导，并多次抽出宝贵的时间陪同我们一起通宵达旦逐句逐段进行审改，严谨的治学态度令大家深得其益。在此我们表示衷心的感谢。课程内容基于 2009 年以来开设的海洋沉积动力学实验课的教学积累。为使教材更加形象生动，对应附上了授课时使用的教学案例和多媒体课件（如有需要，请发邮件到 essyrk@mail. sysu. edu. cn 索取），并收录了以往实验课堂上的精彩瞬间。在教与学的过程中，教材和课件是媒介，既便于教师"传道""授业""解惑"，也便于学生对操作过程的理解、掌握和回顾，在此也深深感谢往届学生的教学印记和意见反馈。

编著者

2017 年 10 月

目　　录

1 基 础 理 论

1.1 海洋沉积动力学概述

1.1.1 研究对象及其应用

海洋沉积动力学（marine sediment dynamics）研究海洋环境中泥沙的侵蚀、输运、堆积过程及其对自然环境的影响。这门学科的应用领域广阔。第一，海岸工程中常见的港湾河口淤积、海岸带侵蚀和海底稳定性等问题，均是泥沙运动导致的地貌演化问题；第二，沉积物对污染物存在吸附作用，其再悬浮过程又能释放污染物，因此，沉积动力学又是海洋环境污染防治的基础知识之一；第三，泥沙的运动格局与水体交换、生物活动等密切相关，海岸生态系统的保护与整治离不开沉积动力学；第四，沉积动力学是地貌学及沉积地质学发展的必不可少的基础理论，不掌握泥沙侵蚀、输运和堆积的规律，就无法重建地质历史时期的地貌和沉积层序演化过程，也无法从沉积物的粒径、沉积速率变化等特征中提取地质历史时期环境演变的信息。

1.1.2 研究内容和发展现状

海洋沉积动力学的研究内容主要有 4 个方面：①泥沙的形成与性质；②泥沙的侵蚀、搬运与堆积；③沉积物的野外采样与室内试验；④海洋沉积动力学的应用。海洋沉积动力学是 20 世纪 70 年代开始发展的年轻学科，已有代表性专著或教科书包括 Paul D. Komar 的 *Beach Processes and Sedimentation*（1986），Keith R. Dyer 的 *Coastal and Estuarine Sediment Dynamics*（1986），Leo C. van Rijn 的 *Principles of Sediment Transport in Rivers, Estuaries and Coastal Seas*（1993），Richard Soulsby 的 *Dynamics of Marine Sands: A Manual for Practical Applications*（1997），以及 Johan C. Winterwerp 等的 *Introduction to the Physics of Cohesive Sediment Dynamics in the Marine Environment*（2004）。其中，Leo C. van Rijn（1993）的这本教材基本覆盖了海洋沉积动力学的 4 个研究内容。

由于海洋沉积动力学应用前景广阔，该学科正处于快速发展时期。国际主流学术期刊 *Marine Geology*，*Continental Shelf Research* 和 *Journal of Geophysical Research: Oceans*

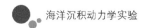

每年发表相当数量的海洋沉积动力学论文。新技术与新方法蓬勃发展，比如数值模拟、近岸海床基监测系统与多波束测深仪等，有利于精准探测泥沙输运路径，测定泥沙的侵蚀、搬运与堆积速率。

1.2　海洋沉积动力学主要理论

为了深入了解海洋沉积动力学实验目的，正确分析和使用实验数据，以下简要介绍和实验课程相关的海洋沉积动力学主要理论。配套的理论学习课程将详细介绍以下知识，也可查阅上一节列出的参考书。

1.2.1　流速和剪切应力

水流的摩阻流速及其对沉积物表面（底床）的剪切应力，是驱动泥沙起动的动力。径流和潮流的摩阻流速 u_* 根据 von Karmen – Prandtl 公式，即流速的对数分布公式计算：

$$\frac{u}{u_*} = \frac{1}{\kappa}\ln\left(\frac{z}{z_0}\right) \tag{1}$$

式中：κ 为 von Karmen 常数；u 为距床面高度 z 处的流速；z_0 为床面粗糙度。进一步计算水流的剪切应力τ_b：

$$\tau_b = \rho u_*^2 \tag{2}$$

式中：ρ 为水流的密度。

波浪、潮流联合作用下的床面剪切应力计算公式比较复杂，具体可查阅 Leo C. van Rijn（1993）的第 2 章。

1.2.2　泥沙的形成与性质

岩石风化，包括机械分离和化学分解，是最主要的泥沙形成方式。在海洋环境中，输入的泥沙中为河流所携带入海的部分，是河流流域内岩石风化的产物，另一部分则为基岩海岸岩石风化的产物。泥沙的性质差异极大，与母岩的矿物成分、风化过程、搬运过程，以及沉积环境等密切相关。泥沙的性质可分为颗粒性质与群体性质。其中，颗粒性质最主要的是粒径和沉降速度。粒径较小的泥沙测定其群体性质，包括粒径分布、密度、孔隙度、沉降渗透率与休止角等；对于砾石及以上粒径的泥沙，还需要测定形状、圆度、密度与方位等。泥沙粒径和沉降速度是沉积动力学中非常重要的参数，将在"1.3　实验背景知识"中详细介绍。

1.2.3　泥沙的侵蚀、搬运与堆积

1. 泥沙的临界起动切应力

在海洋环境中，泥沙输运的动力主要是各种流（潮流、沿岸流与裂流等）、波浪以及波流联合作用，包括侵蚀、搬运和堆积 3 个过程。沉积物被侵蚀的标志是泥沙起动，即在水流的剪切应力作用下，沉积物表面的泥沙颗粒克服自身重力和颗粒间黏结力，从静止进入运动状态。泥沙起动的条件是剪切应力 τ_b 大于泥沙颗粒的临界起动切应力 τ_{cr}。对于流作用的情形，经典的 Shields 曲线刻画了泥沙的临界起动切应力 τ_{cr} 随中值粒径 d_{50} 变化的情况，一般情况下，极细砂是最容易起动的泥沙。对于黏性泥沙（粉砂和黏土），随粒径减小，颗粒间黏结力加强，临界起动切应力反而加大。Shields 曲线的数学表达式如下：

$$\theta_{cr} = \frac{\tau_{cr}}{(\rho_s - \rho) g d_{50}} \tag{3}$$

$$D_* = \left[\frac{(s-1)g}{\nu^2} \right]^{\frac{1}{3}} d_{50} \tag{4}$$

$$\theta_{cr} = 0.24 D_*^{-1}，当 1 < D_* \leq 4 \tag{5}$$

$$\theta_{cr} = 0.14 D_*^{-0.64}，当 4 < D_* \leq 10 \tag{6}$$

$$\theta_{cr} = 0.04 D_*^{-0.1}，当 10 < D_* \leq 20 \tag{7}$$

$$\theta_{cr} = 0.013 D_*^{0.29}，当 20 < D_* \leq 150 \tag{8}$$

$$\theta_{cr} = 0.055，当 D_* > 150 \tag{9}$$

式中：θ_{cr} 为临界 Shields 参数；ρ_s 为泥沙颗粒密度；ρ 为水流的密度；D_* 为泥沙颗粒参数；$s = \dfrac{\rho_s}{\rho}$；ν 为水流的运动黏滞系数；g 为重力加速度。

由于自然环境中影响黏性泥沙临界起动切应力的物理、生物与化学因素众多，Shields 曲线计算结果的误差范围较大，最好采用仪器（例如微观侵蚀系统）直接测量原状沉积物的临界起动切应力。

波浪以及波流联合作用下的 τ_{cr} 也有一套复杂的计算方法，可查阅 Leo C. van Rijn（1993）的第 4 章。

2. 泥沙输运率

泥沙起动后，以推移质或悬移质的形式搬运。在海洋环境中，一般粒径大于 2 mm 的泥沙只能以推移质形式搬运，粒径小于 0.2 mm 的泥沙则可以悬移质的形式搬运。泥沙输运率是泥沙输运强度的表征，即垂直水流的过水断面上，单位时间、单位宽度上通过的泥沙质量或体积 [kg/（m·s）或 m²/s]。推移质和悬移质的泥沙输运率均有多家计算公式，各家公式的原理各不相同，计算结果的差别甚至可达一个数量级。对于流作用的情形，Bagnold 和 van Rijn 的推移质输沙率公式是常用公式，前者的形式如下：

$$q_b = \frac{e_b \, \tau_b \, \bar{u}_{平均}}{(\rho_s - \rho)g\cos\beta(\tan\phi - \tan\beta)} \tag{10}$$

式中：q_b 为体积推移质输沙率；$\tau_b = \rho ghI$，为总体的床面剪切应力，I 为能坡，h 为水深；$\bar{u}_{平均}$ 为整个水深的平均流速；e_b 为能效系数；$\tan\phi = 0.6$；$\tan\beta$ 为河道坡度。

悬移质输沙率 q_s 的定义为流速 u 和悬沙浓度 c 的乘积在推移质层以上水层中的积分，即：

$$q_s = \int_a^h uc\,\mathrm{d}z \tag{11}$$

式中：流速 u 和悬沙浓度 c 都随水层到沉积物床面的距离 z 而变化；a 为推移质层厚度；h 为水深。因此，悬移质输沙率的理论计算值依赖于流速和悬沙浓度在水深上的垂向变化模型。具体计算方法可查阅 Leo C. van Rijn（1993）的第 7 章至第 10 章。

3. 泥沙输运模型

泥沙颗粒运动一段距离后，由于水动力减弱，落回沉积物表面，停止输运。绝大多数情况下，沉积物表面的泥沙起动和泥沙回落同时发生。假如一定时间内，一定面积的沉积物表面，起动的泥沙颗粒多于堆积下来的泥沙颗粒，沉积物被侵蚀，床面降低；反之，则发生沉积物堆积，床面抬升。因此，在岸滩、海底等的高程变化模型中，底床的冲淤变化，即为泥沙在某地的堆积速率 D 和侵蚀速率 E 之差，是由总输沙率 q_t（q_s 与 q_b 之和）沿横向（x 方向）和纵向（y 方向）的变化共同造成的：

$$\frac{\partial h}{\partial t} = -\frac{\partial z_b}{\partial t} = \frac{\partial q_{tx}}{\partial x} + \frac{\partial q_{ty}}{\partial y} = E - D \tag{12}$$

式中：z_b 为底床高程；t 为时间；其他符号定义同上文。

对于泥质沉积物，即黏性泥沙为主的沉积物，堆积速率 D 和侵蚀速率 E 有一些特定的计算公式，比如：

$$E = M\left(\frac{\tau_b - \tau_{cr}}{\tau_{cr}}\right)，当 \tau_b > \tau_{cr} 时 \tag{13}$$

$$D = c\alpha w_s，当 \tau_b < \tau_d 时 \tag{14}$$

式中：M 为侵蚀速率系数；τ_d 为泥沙堆积的临界剪切应力；w_s 为泥沙沉降速度；α 为小于 1 的系数；其他符号定义同上文。关于黏性泥沙运动的详细介绍可参考 Leo C. van Rijn（1993）的第 11 章。

泥沙运动还要满足质量守恒定律，由此推导出泥沙连续性方程。由于泥沙粒径、模型维数等不同，泥沙连续性方程有多种具体形式。泥质沉积物的二维模型如下：

$$\underbrace{\frac{\partial \bar{c}}{\partial t} + \bar{u}\frac{\partial \bar{c}}{\partial x} + \bar{v}\frac{\partial \bar{c}}{\partial y}}_{平移项} - \underbrace{\frac{1}{h}\frac{\partial}{\partial x}\left(hK\frac{\partial \bar{c}}{\partial x}\right) - \frac{1}{h}\frac{\partial}{\partial y}\left(hK\frac{\partial \bar{c}}{\partial y}\right)}_{扩散项} - \underbrace{\frac{E - D}{h}}_{源汇项} = 0 \tag{15}$$

式中：$\bar{c}$ 为垂向平均悬沙浓度；$\bar{u}$ 和 $\bar{v}$ 为 x 方向和 y 方向上的垂向平均流速；K 为扩散系

数；其他符号定义同上文。从式（15）可知，泥沙连续性方程的物理意义可简要描述为：水体悬沙浓度变化有3个原因：泥沙随水流平移、泥沙扩散作用和泥沙冲淤变化。

在 FVCOM 等海洋模型中，将水动力模型、泥沙连续方程和高程变化模型耦合，给定初始条件和边界条件后，可以计算水动力、悬沙浓度与高程等随时间变化的情况。对于适用不同条件的泥沙输运模型的详细介绍，可进一步查阅 Leo C. van Rijn（1993）的第 12 章。

1.3 实验背景知识

1.3.1 海岸地貌特征及考察内容

海岸地貌是海岸在构造运动、海水动力、生物作用和气候因素等共同作用下的产物，可分为海蚀地貌和海积地貌两大类。这两种地貌在中国海岸均广泛分布。

1. 海蚀地貌

海蚀地貌的成因包括海水对海岸的溶蚀作用，以及波浪、潮流（及其携带的沙砾岩块）对海岸的冲蚀和磨蚀作用，可形成海蚀洞、海蚀崖、海蚀平台和海蚀柱等不同类型的海蚀地貌（如图 1 - 3 - 1、图 1 - 3 - 2 所示）。

图 1 - 3 - 1　海蚀平台（广东珠海淇澳岛）

图 1 - 3 - 2 海蚀崖与海蚀洞（广东深圳大鹏半岛杨梅坑鹿嘴）

2. 海积地貌

入海河流在沿途侵蚀、搬运的过程中，源源不断地将陆地上的泥沙带向大海，并在河口、近海等区域沉积，促使海岸向海不断淤积，形成海积地貌。下面以华南地区常见的砂质海岸和淤泥质海岸为例作简要介绍。

1) 砂质海岸地貌

我国砂质海岸的沉积物主要为中细砂，北方砂质海岸多见于海岸小平原，南方则多集中在岬湾岸段，零散分布。同时，砂质海岸均受当地主导风向控制，我国大部分地区海岸风力季节性显著（冬春季节为东北风，夏秋季节为东南风），在与主导风向垂直的岸线，砂质海岸发育较为完整。

在华南地区，常见的砂质海岸地貌为岬湾型和沙坝－潟湖型（如图 1 - 3 - 3、图 1 - 3 - 4 所示）。岬湾型岸线曲折，基岩岬角向海突出，与海湾相间分布，沙滩分布在岬角之间。由于波浪作用引起沿岸输沙与横向输沙，沙滩形状常呈对称弧形或不规则弧形。沙滩上的沙嘴和岸外的沙坝不断发育，最终可将海湾封闭，形成沙坝－潟湖型海岸。

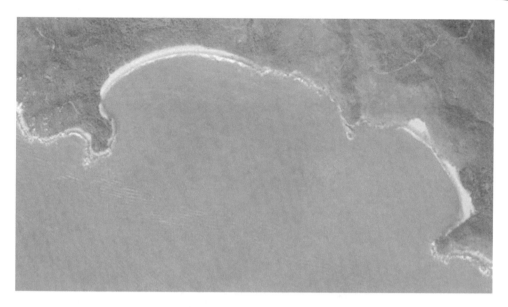

图 1-3-3　岬湾型海岸（图片来源于谷歌）

图 1-3-4　沙坝-潟湖型海岸（深圳大鹏半岛西涌）

2）淤泥质海岸地貌

淤泥质海岸沉积物以粒径小于 0.063 mm 的粉砂、黏土为主，分布在潮汐作用较强的河口附近，或在宽阔的海湾内（如图 1-3-5 所示，为淤泥质海岸采样图）。主要特征为：一般位于大河河口两侧；岸坡平坦，潮滩发育好，宽度大，分带性明显；潮流、波浪作用显著，但以潮流作用为主；潮滩冲淤变化频繁，潮沟周期性摆动显著。

图1-3-5 淤泥质海岸采样图（江苏盐城互花米草盐沼）

1.3.2 沉积物粒径分析

泥沙颗粒的大小通常用泥沙的直径来表示。为了克服泥沙颗粒形状不规则、直径不易确定的困难，理论上采用等容粒径，即体积与泥沙颗粒相等的球体的直径。除等容粒径外，泥沙的粒径也可用其长、中、短三轴的算术平均值，或几何平均值 $\sqrt[3]{abc}$ 来表示。

1. 沉积物粒级分类法

根据2007年修订的《海洋调查规范 第8部分 海洋地质地球物理调查》（以下简称为"规范"），采用尤登－温德华氏（Udden－Wentworth scale）等比制 Φ 值粒级标准，对泥沙颗粒粒径（d）进行粒组类型划分（如表1-3-1所示）。基于该粒组类型，可使用谢帕德沉积物粒度三角图解法或福克－沃德分类命名法，对沉积物进行分类和命名。同时，对样品中少量未参与粒度分析的砾石、贝壳、珊瑚、结核、团块等，用文字加以说明，或在编制沉积物类型图时，用相应符号加以标记。

表 1-3-1 等比制（Φ值标准）粒级分类

粒组类型	粒级名称			粒级范围		$\Phi = -\log_2 d$		代号
	简分法	细分法		毫米级 d/mm	微米级 $d/\mathrm{\mu m}$	d/mm	Φ	
岩块（R）	岩块（漂砾）	岩块		>256	—	256	-8	R
砾石（G）	砾石	粗砾		128～256	—	128	-7	CG
				64～128	—	64	-6	
		中砾		32～64	—	32	-5	MG
				16～32	—	16	-4	
				8～16	—	8	-3	
		细砾		4～8	—	4	-2	FG
				2～4	—	2	-1	
砂（S）	粗砂	极粗砂		1～2	1000～2000	1	0	VCS
		粗砂		0.5～1	500～1000	1/2	1	CS
	中砂	中砂		0.25～0.5	250～500	1/4	2	MS
	细砂	细砂		0.125～0.25	125～250	1/8	3	FS
		极细砂		0.063～0.125	63～125	1/16	4	VFS
粉砂（T）	粗粉砂	粗粉砂		0.032～0.063	32～63	1/32	5	CT
		中粉砂		0.016～0.032	16～32	1/64	6	MT
	细粉砂	细粉砂		0.008～0.016	8～16	1/128	7	FT
		极细粉砂		0.004～0.008	4～8	1/256	8	VFT
黏土（泥）（Y）	黏土	粗黏土		0.002～0.004	2～4	1/512	9	CY
				0.001～0.002	1～2	1/1024	10	
		细黏土		<0.001	<1	1/2048	>11	FY

（1）谢帕德分类法（如图1-3-6所示）：基于砂、粉砂和黏土3个端元，分别以质量分数25%、50%和75%为界限，将沉积物分为十大类。其中，"砂-粉砂-黏土"是三端元含量高于20%而低于60%的混合沉积物。

该三角图的阅读方法：先确定砂和粉砂、黏土这3个类型含量是否均在20%～60%之间，若满足，则命名为砂-粉砂-黏土；若不满足，则取含量较高的两者所在边为判读，选择质量成分较大的占两者质量之和的比例，该比值对应的区域类型即为沉积物的命名。

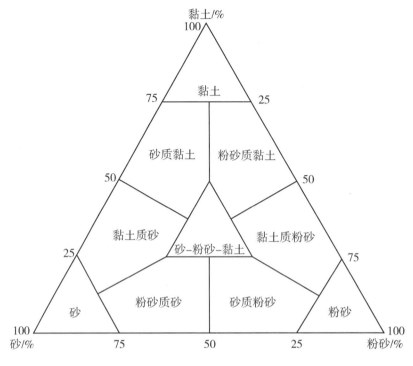

图 1 - 3 - 6　谢帕德（1954）沉积物分类

　　举例：一种沉积物的成分为砂 30 g、粉砂 60 g 和黏土 10 g，该沉积物不满足"均在 20% ~ 60% 之间"的条件，因此选择含量较高的两者（粉砂和砂）进行比较，求得砂占两者质量之和的比重为 33.33%，可知其为砂质粉砂。

　　（2）福克分类法（如图 1 - 3 - 7 所示）：利用沉积物的组分比来进行沉积物类型的划分。首先将沉积物分为两种情况进行考虑，即含砾石与否。对于不含砾石的沉积物，以砂、黏土和粉砂为三角端元，根据各组分不同比例将其划分为十大类；而含砾石的沉积物，则以砾、砂和泥（粉砂和黏土）为三角端元，划分出 11 种类型。福克分类法共包括 21 种沉积物类型。

　　该三角图的阅读方法为：①不含砾石部分，首先根据砂占总体的含量在三角形左侧边上找到对应点，并作横线，若砂的含量超过 90%，则直接判定为砂；若小于 90%，则再根据黏土和粉砂的比值，在底边确定区域（以底边为界限，根据黏土与粉砂的比值 2∶1 和 1∶2，已将三角形剩余部分划分为三大区域）与横线相交的位置所指示的类型即为沉积物的命名。②含砾石部分，首先根据砾石占总体的含量在三角形左侧边上找到对应点，并作横线，若砾石的含量超过 80%，则直接判定为砾石；若小于 80%，再根据砂与泥的比值，在底边确定区域（以底边为界限，根据砂与泥的比值 1∶9、1∶1 和 9∶1，已将三角形剩余部分划分为四大区域）与横线相交的位置所指示的类型即为沉积物的命名。

　　举例：①一种沉积物（不含砾石）的成分为砂 30 g、粉砂 60 g 和黏土 10 g，由

于砂的质量占沉积物总质量的30%，黏土与粉砂比值为1：6，则将其命名为砂质粉砂；②一种沉积物（含砾石）的成分为砾石20 g、砂70 g和泥10 g，则可知该沉积物砾石的含量占总体比重为20%，砂与泥的比值为7：1，则将其命名为含砾石的泥质砂。

因谢帕德分类法未考虑含砾石的情况，建议对于含砾石的沉积物的命名使用福克分类法。

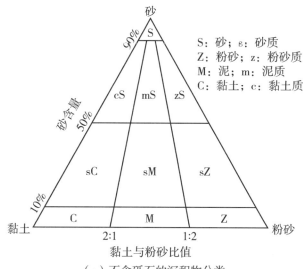

（a）不含砾石的沉积物分类

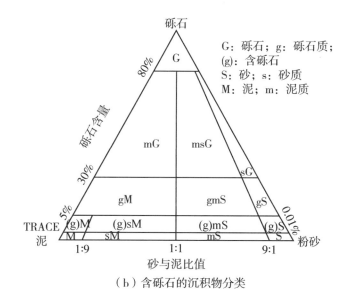

（b）含砾石的沉积物分类

图1-3-7 福克（1970）沉积物分类

2. 粒度分析方法

粒度分析是研究碎屑沉积物中各种粒度的百分含量及粒度分布的一种途径，通常使用筛析法配合沉析法（吸管法），即综合法。筛析法适用于粒径大于 0.063 mm 的沉积物，沉析法则适用于粒径小于 0.063 mm 的物质。当粒径大于 0.063 mm 的物质超过 85% 或者粒径小于 0.063 mm 的物质占 99% 以上时，可单独采用筛析法或沉析法。目前，还有激光粒度分析方法，但该方法应与综合法、筛析法和沉析法对比合格后方可使用。以下按照规范，对筛析法、沉析法和激光法的操作过程进行阐述。

筛析法：让沉积物样品通过一系列不同筛孔的标准筛，将其分离成若干个粒级，分别称重，求得以质量分数表示的粒度分布。

沉析法：不同粒径的单颗粒泥沙在静水中的沉降速度不同，在特定时间和特定水深，可以获得小于某一粒径的泥沙浊液，通过烘干称重，即可求得以质量分数表示的粒度分布。

激光法：通过光学元件收集一部分颗粒的散射光，依据 Fraunhofer 衍射和 Mie 散射两种光学理论从颗粒场中推出衍射模式，进而计算出颗粒大小和粒度分布。

3. 粒径统计参数

常用的粒度参数包括平均粒径 M_Z、分选系数 σ_i、偏态 S_{ki}、峰态 K_g、中值粒径 d_{50} 和众值等，前 4 个具体值采用 Folk – Ward 公式进行计算。

（1）平均粒径 M_Z（Φ）：代表粒度分布的集中趋势，即碎屑物质的粒度一般趋向于围绕着一个平均的数值分布，反映沉积物粒度平均值的大小和搬运介质的平均动能，用以大致了解沉积环境及沉积物的来源情况。其计算式为：

$$M_Z = \frac{\Phi_{16} + \Phi_{50} + \Phi_{84}}{3} \tag{16}$$

（2）分选系数 σ_i（Φ）：表示沉积物的分选程度，用以区分沉积物颗粒大小的均匀程度。当粒度集中分布在某一范围较狭窄的数值区间内时，就可以定性地描述它分选较好。分选系数是判断动力环境的一个依据，常用于分析沉积环境的动力条件和沉积物的物质来源，分选作用与运动介质的性质和碎屑物被搬运的距离密切相关。其计算式为：

$$\sigma_i = \frac{\Phi_{84} - \Phi_{16}}{4} + \frac{\Phi_{95} - \Phi_5}{6.6} \tag{17}$$

（3）偏态 S_{ki}：也称偏度，是用以表示分配曲线对称性的参数，实质上反映粒度分布的不对称程度。正偏表示此沉积物的主要粒级集中在粗粒部分，反之则表示沉积物的主要粒级集中在细粒部分。偏态是一个灵敏指标，反映了沉积过程中能量的变异。其计算式为：

$$S_{ki} = \frac{\Phi_{16} + \Phi_{84} - 2\Phi_{50}}{2(\Phi_{84} - \Phi_{16})} + \frac{\Phi_5 + \Phi_{95} - 2\Phi_{50}}{2(\Phi_{95} - \Phi_5)} \tag{18}$$

（4）峰态 K_g：也称峰度，是用来衡量分配曲线尖锐程度的参数，即曲线的峰凸程度，用来说明与正态分布曲线相比时，峰的宽窄尖锐程度，反映水动力环境对沉积物的影响程度。在对称正态曲线中，Φ_{95} 与 Φ_5 之间粒度间距（尾部展开度）是 Φ_{75} 与

Φ_{25} 之间粒度间距（中部展开度）的 2.44 倍，因此正态粒度分布的 $K_g = 1$。K_g 的计算式为：

$$K_g = \frac{\Phi_{95} - \Phi_5}{2.44(\Phi_{75} - \Phi_{25})} \qquad (19)$$

以上公式中：Φ_5 是指频率累积曲线上第 5 个百分数所对应的粒径 Φ 值，其余类推。注意，以上公式均使用筛上累积频率进行计算。若采用筛下累积频率，则在使用以上公式进行计算时，分选系数和偏态均应取计算结果的相反数，即乘以（-1）。

同时，基于分选系数、偏态和峰态的计算值，可以按表 1 - 3 - 2 进行定性划分。

表 1 - 3 - 2　图解法粒度参数（Folk - Word，1957）的定性描述语

分 选 系 数		偏　　态		峰　　态	
分选系数	定性描述术语	偏态值	定性描述术语	峰态值	定性描述术语
<0.35	分选极好			<0.67	很平坦
0.35～0.50	分选好	-1.0～-0.3	极负偏	0.67～0.90	平坦
0.50～0.71	分选较好	-0.3～-0.1	负偏	0.90～1.11	中等（正态）
0.71～1.00	分选中等	-0.1～0.1	近对称	1.11～1.56	尖锐
1.00～2.00	分选较差	0.1～0.3	正偏	1.56～3.00	很尖锐
2.00～4.00	分选差	0.3～1.0	极正偏	>3.00	极尖锐
>4.00	分选极差				

（5）中值粒径 d_{50}：是累积频率曲线上颗粒含量为 50% 处对应的粒径，即上述的 Φ_{50}，表示小于或大于这种粒径的泥沙各占总量的 1/2，代表粒度分布的集中趋势，反映了沉积介质的平均动能。

（6）众值：是分配曲线中最大频率的颗粒粒径。众值在分配曲线中表现为高峰点，比较明显地表达了海滩物质的沉积环境。然而，并非所有的样品只有一个峰，一般选择最高值为基本众值（第一众值）。众值可用以说明粒径级配的中心趋势，反映搬运介质的动能，在一定程度上说明沉积环境状态。如河床砂和沙丘砂为单峰，河口沙坝砂为双峰，海滩砂则具有不明显的双峰。

4. 粒度级配图

粒度级配图用以描述沉积物粒径累积分布，其纵坐标为各粒级概率累积分布的百分数值，横坐标为粒径。目前，常见的有以下两种。

（1）累积频率图：由各相连的折线组成，其纵坐标为等距的概率分布。以小于某粒径沙重百分比（%）为纵坐标，颗粒的粒度为横坐标（用对数分度），如图 1 - 3 - 8 所示（该图取自"报告样本 3"）。

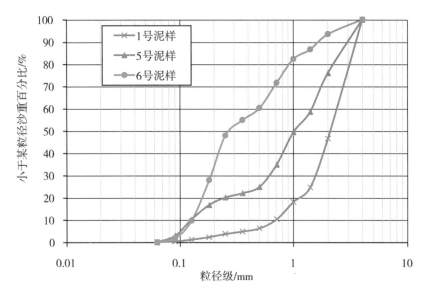

图 1 - 3 - 8　累积频率图

（2）概率累积折线图：由若干直线段组成，一般分为 3 段——滚动组分、跳跃组分和悬浮组分，纵坐标为非等距的概率百分数，横坐标为粒径的 Φ 值，如图 1 -3 -9所示。不同性质的沉积物，被截点所限制的直线段区间以及截点位置都有所不同。借助它可直观地比较沉积物之间的差别和辨别沉积环境。

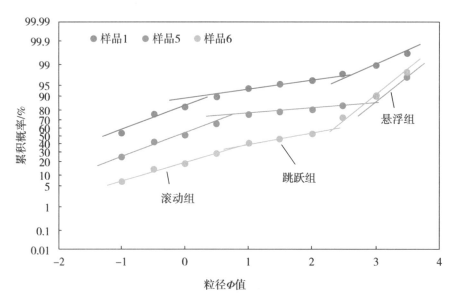

图 1 - 3 - 9　概率累积折线图

对于第一种曲线图，其绘制方式较为便捷，可以直观地看出沉积物主要落在哪个粒级区间内，通过折线斜率的变化可观察累积频率的增长情况，进而定性地描述不同

粒径区间泥沙含量的变化率。同时，从该图上可以较方便地得出部分粒径参数的统计特征值，如中值粒径、平均粒径和分选系数等。

而对于第二种曲线图，由于该图纵坐标以中央 50% 处为对称中心，向上、下两端逐渐加大，并且并非等间距分布，因此可以清楚地将含量较少的粗、细尾部放大。该类曲线图一般包含 3 个组分，表现为 3 个直线段，代表了 3 种不同的搬运方式（从左往右）：滚动、跳跃和悬浮。该图反映样品并非是一个简单的对数正态组分，而是由 2 个或 3 个对数正态组分组成，每组分均有各自的平均值和标准偏差。

主要结构参数如下。

细切点：跳跃总体和悬浮总体的交点，表示能悬浮的最粗颗粒。

粗切点：跳跃总体和滚动总体的交点，表示能跳跃的最粗颗粒，水动力强则粗切点左移。

分选性：以每个直线段的倾斜程度反映分选的好坏。线段越陡，即与横坐标的夹角越大，分选性越好；反之，则分选性越差。

5. 分配曲线

分配曲线也叫频率分布图，用以描述各粒组的质量和所占比例，可绘成双纵轴图，左纵坐标一般为质量，右纵坐标则为质量分数，横坐标为粒径组，如图 1 − 3 − 10 所示。通过该图，可以明显地找出粒组众数，以及沉积样各粒组的质量分布情况。如图 1 − 3 − 10 中的 6 号泥样，虽然众数在 0.18 ～ 0.25 mm 区间内，但其整体质量的粒组分布呈双峰状态，即 0.5 ～ 1 mm 与 0.125 ～ 0.25 mm 为峰值，含量较高。

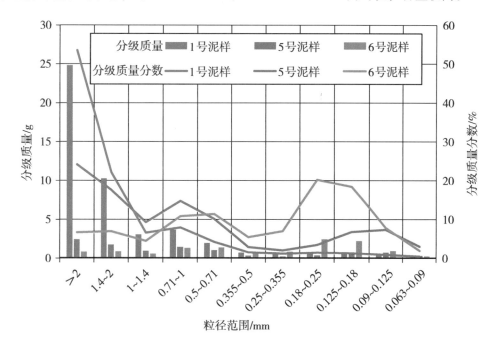

图 1 − 3 − 10　分配曲线

6. 沉积环境分析

粒度分析在判定沉积物来源及输运方式（悬移、跃移和推移）、区分沉积环境、判别水动力条件和分析粒径趋势等方面具有重要作用。1964 年，Sahu 基于沉积物粒度分布能反映搬运介质流动性和沉积环境情况这一假设，将粒径参数判别分析用于碎屑沉积物，采集浊流、三角洲、泛滥平原、河道、浅海、海滩、风坪和风成沙丘等样品，用沉降和筛析数据图解法（Folk – Word 公式）的粒度参数，得出 4 种沉积环境的判别公式和鉴别临界值（如表 1 – 3 – 3 所示）。

表 1 – 3 – 3　鉴别沉积环境的函数公式（Sahu，1964）

沉 积 环 境	判 别 公 式	鉴别临界值	函数平均值
风成沙丘与海滩	$Y = -3.568M_Z + 3.7016\sigma_i^2$	风成沙丘 $Y < -2.7411$ 海滩沙丘 $Y > -2.7411$	$Y_{风成} = -3.0973$ $Y_{海滩} = -1.7824$
海滩与浅海	$Y = 15.6543M_Z + 65.7090\sigma_i^2 +$ $18.1071S_{ki} + 18.5043K_g$	海滩沙丘 $Y < 65.3650$ 浅海沙丘 $Y > 65.3650$	$Y_{海滩} = 51.9536$ $Y_{浅海} = 104.7536$
浅海与河流 （三角洲）	$Y = 0.2852M_Z - 8.7604\sigma_i^2 -$ $4.8932S_{ki} + 0.0482K_g$	浅海沙丘 $Y < -7.4190$ 河流沙丘 $Y > -7.4190$	$Y_{浅海} = -5.3167$ $Y_{河流} = -10.4418$
河流（三角洲） 与浊流	$Y = 0.7215M_Z - 0.4030\sigma_i^2 +$ $6.7322S_{ki} + 5.2927K_g$	河流沙丘 $Y < 9.8433$ 浊流沙丘 $Y > 9.8433$	$Y_{河流} = 10.7115$ $Y_{浊流} = 7.9791$

1.3.3　悬沙浓度测量

1. 传统测量方法

水体中悬移质，特别是泥沙，其质量浓度（简称为"悬沙浓度"）的观测是水文行业调查的常规项目，也是海洋、水利与环境等学科研究必不可少的基础工作。

传统的测量方法是在垂向上采集 3～6 层水样，通过物理方法获取悬沙浓度，具体如下。

（1）烘干法：对已知容积的水样，首先进行室内静置，不断抽取表层清液直至沉积物层部分裸露，然后将剩余样品移入小烧杯中烘干、冷却、称重，其质量减去烧杯净重得到悬浮物质量，并由此计算其浓度。

（2）置换法：对已知容积的水样进行沉淀浓缩，通过测定比重瓶盛满浑水后的质量及浑水的温度，计算泥沙质量和浓度。

（3）抽滤法：包括现场抽滤法和室内抽滤法。现场抽滤法，即现场使用恒重后的滤膜对已知容积的水样（至少 150 mL）进行抽滤，结束后将滤膜放入培养皿中，

带回实验室进行烘干、称重。室内抽滤法则是采集一定量水样（至少 500 mL），带回实验室用恒重后的滤膜进行抽滤、称重，最后得到悬沙浓度。

（4）自然焚烧法：对带回室内的水样采用定性滤纸进行自然过滤、焚烧（马弗炉 600 ℃高温，以去除滤纸灰分等的影响）、称重，进而得到泥沙净重，再根据水样体积计算悬沙浓度。注意，该实验方法能得到真实的悬沙浓度，但非悬沙物质会被焚烧掉，因此无法对 OBS（光学后向散射浊度计）等仪器所测得的浊度值（观测对象为一切悬浮物质）进行标定。

2. 光学测量方法

近年来，除了改进传统的烘干法、置换法与过滤法，随着声学和光学测量仪器，如 OBS、ADCP（声学多普勒流速剖面仪）、现场激光粒度仪和 PCADP（脉冲相干声学多普勒剖面仪）等的普遍使用，国内外学者尝试了诸多悬沙浓度观测的方法，应用遥感技术方面的研究也有较大发展，该技术可反演整个研究区域表层大面积的悬沙浓度分布。然而，浊度仪和卫星遥测技术均不能直接获得悬浮物浓度，只能得到一个相对浊度值，需要采集现场水样，使用传统方法进行浓度分析，并对仪器所测量的浊度值做相关性标定。

以 OBS 为例，该仪器所测得的数值并非实际浓度，而是以散射浊度为单位的浊度值，表示仪器在与入射光成 90°角的方向上测量的散射光强度。通常水体均含有悬浮物质，即水体出现浑浊现象，其浑浊程度即浑浊度。目前，对于浑浊度的描述单位有以下几种：JTU、FTU 和 NTU 等。本书以沉积学常用的单位 NTU 为例进行解释：将水样与白色高分子聚合物（Formazine 聚合物，由硫酸肼与六次甲基胺聚合生成）配制的浊度标准溶液进行比较，规定 1 L 纯净水中含 1 mg 的 Formazine 聚合物所产生的浊度为一个浊度单位——度，1 NTU 相当于 1 度。

通常，浊度并不等同于悬浮物浓度，悬浮物浓度一般是指单位水体中可以被滤纸截留的物质的量（体积或者质量）。而浊度是一种光学效应，表示光线透过水层时受到阻碍的程度，这种光学效应与粒径大小、颗粒浓度、颗粒颜色、水色、气泡、水体生物和化学污垢等有关。在沉积学实验中，通过对不同浊度情况下浊度仪传感器附近的水体进行采样、过滤、称重，得到实际浓度。使用该实际浓度数据与仪器测得的浊度值进行回归标定，得到该仪器浊度值与实际浓度的相关关系，可以将同批次所测得的浊度值转化为实际浓度。应注意的是，由于悬浮物形态不同，相同浓度下所测量的浊度值会有偏差，因此每次使用浊度仪时，均需进行标定实验。

采用浊度仪进行现场观测，配合水样的采集，通过对浊度值和浓度值序列进行相关性回归分析，得到相关函数，借助该相关函数对浊度仪测得的全部浊度值进行转换，即可获得时空连续的水体悬浮物浓度。该方法即为"浊度标定法"，目前，主要有以下 3 种。

（1）现场标定法：采取垂线测量取样 6 层法，将浊度仪放入水体不同水深位置，进行实时测量，测量的时间间隔设置为 1 s，每一层保持 10～30 s 时间，利用 3 倍标准差法剔除异常数据后进行平均，作为该层位水体的浊度值。在同一水深点采集水样，过滤、称重，可得到一组相应的实际浓度值，将浊度值与对应的实际浓度值进行线性回归，得到两者的关系函数及相关系数。在同一环境条件下，通过该函数可以将浊度仪测得的浊度值转化为实际浓度值，从而得到时空连续的浓度观测值。另外，条件许可时，一个潮周期内做 2 次采样标定。因为悬浮物含量成分对浊度值也有影响，而涨急和转流时，悬浮物颗粒的组成和浓度会有一定的差异。

（2）室内浓缩液标定法：取现场水样，添加固定剂，保持与现场相同水温的前提下，沉淀 24 小时，将沉淀完成的水样上清液作为第一个浊度数据对象，注入标定池，使用浊度仪进行测量。同时采集传感器附近水样进行抽滤（操作同上）。剩下的浑液搅拌均匀，作为浓缩液，不断添加到标定池中，提高标定水样浓度。浊度上下限可根据观测环境设置，常为 10～300 NTU，数据间隔为 30。进行连续观测，最后将两列相对应的浊度数据与实际浓度数据进行回归标定（操作同上）。

（3）室内底沙标定法：通过抓斗取现场底沙，将底沙放置于多个烧杯中，添加分散剂制作成浑液。以 20 L 纯净水为底液置于标定池中，固定好浊度仪进行测量，以浊度值 20 NTU 为第一个浊度研究对象，同时采集传感器附近水样进行抽滤（操作同上），得到实际浓度，不断将浑液添加到标定池中，增大浊度（10～300 NTU，数据间隔为 30），并进行连续观测，最后将两者进行回归标定（操作同上）。

用于判定回归效果的指标是皮尔逊（Pearson）相关系数，其计算公式为：

$$r = \frac{\sum_{i=1}^{n} (x_i - \bar{x})(y_i - \bar{y})}{\sqrt{\sum_{i=1}^{n} (x_i - \bar{x})^2 \cdot \sum_{i=1}^{n} (y_i - \bar{y})^2}} \tag{20}$$

式中：n 表示点的总个数，该值的平方即为 Excel 软件线性回归的相关系数 R^2。标定实验中建立的浊度值与实际浓度值的相关函数，衡量该回归方程可靠性的指标即 R^2。

r 的绝对值越大，反映变量之间的相关性越强，即 r 越接近于 1 或 -1 时，相关性越强；当 r 接近于 0 时，则表示相关性弱。同时，当 r 大于 0 时，表示为正相关；反之，则为负相关。一般可以通过 r 的绝对值取值范围判断变量的相关性强度（如表 1-3-4 所示）。

表 1-3-4　相关系数和相关性强度关系

相关系数绝对值	[0, 0.2]	(0.2, 0.4]	(0.4, 0.6]	(0.6, 0.8]	(0.8, 1.0]
相关性强度	弱相关或无相关	弱相关	中等相关	强相关	极强相关

经过实验验证，以上 3 种方法均为可行的标定方法。但研究发现，以砂为主要成分的表层底质与以粉砂为主的悬沙，粒径存在较大差别，且浓缩液标定的相关性比底沙标定的高，与水样基本相同，即采用浓缩液标定方法更加合理。同时，对于水动力较强、水深较深的河口区域，悬沙粒径在垂向上是自上而下递增的，且符合线性变化

趋势。由于采取浓缩液进行标定，不同水层的水样悬沙粒径仍会存在较大差别，因此，若使用浓缩液标定法，则应尽量做到表层、中部和底层均匀取样，混合后进行静置浓缩。

1.3.4　泥沙沉降速度

泥沙在静止的清水中匀速下沉时的速度，称为泥沙的沉降速度，简称为"沉速"。不同粒径的单颗粒泥沙在静水中的沉速不同。在特定时间和特定水深，可以获得小于某一粒径的泥沙浊液。

在国内，比较常用的计算单颗粒泥沙沉速（ω）的公式如下。

（1）武水公式：

$$\omega = \sqrt{1.09 \frac{r_s - r}{r} \, gd + \left(13.95 \frac{\nu}{d}\right)^2} - 13.95 \frac{\nu}{d} \tag{21}$$

（2）沙玉清公式：

$$\omega = \frac{1}{24} \frac{r_s - r}{r} \frac{gd^2}{\nu} \tag{22}$$

（3）Stokes 公式：

$$\omega = \frac{1}{18} \frac{r_s - r}{r} \frac{gd^2}{\nu} \tag{23}$$

式中：r_s、r 分别为泥沙和水的容重，g/cm^3；g 为重力加速度，cm/s^2；d 为泥沙颗粒直径，mm；ν 为流体运动黏性系数，cm^2/s。

上述公式研究对象均为单颗粒泥沙，然而，通常沉积学实验的样品为来自现场的天然沉积物，细颗粒泥沙并非以单颗粒形式存在。所以，实验前应先使用分散剂（六偏磷酸钠[$(NaPO_3)_6$]）对样品进行分散处理，同时，利用 0.063 mm 的小筛进行过滤，获得小于 0.063 mm 的细颗粒泥沙浊液，将处理后的浊液倒入 1000 mL 量筒，搅拌均匀。

根据上述 3 个公式，任选其一，结合量筒高度和对应的粒径，便可算出其特定的沉积时间与水深。为了方便实验课程操作，建议直接使用规范中的特定时间和深度（见附录 2）。

1.3.5　泥沙密度

泥沙密度（ρ_s）指泥沙颗粒质量与体积的比值，是沉积学中各类计算的基础物理量，与泥沙起动切应力、输沙率等密切相关。在用以描述泥沙的重力特性时，常进一步换算为容重或重度 γ（$\gamma = \rho_s g$），即泥沙各个颗粒实有质量与实有体积的比值，采用国际单位 N/m^3。

泥沙在水中的运动状态与泥沙的容重密切相关。其中，沙样经过 100 ～ 105 ℃的温度烘干后所测得的容重称为干容重，是反映泥沙重力特性的一个重要物理指标。当河床发生冲淤变化时，干容重常用于确定冲淤泥沙质量与体积的关系。该物理量在各种与泥沙冲淤有关的分析计算中经常出现，其计算准确与否，直接影响其余相关计算的准确度。若计算不当，可能导致河床淤积量的计算错误。

　　已有的研究成果表明，影响泥沙样品干容重的因素比较复杂，主要与粒子形状、粒径大小、絮网结构、泥沙淤积厚度和淤积历时相关，同时，埋置深度、堆放环境、渗透率等因素也会对该值有一定的影响。

2 实验室管理

本书沉积学实验的研究对象为沙样、泥样和水样，主要进行粒径分布和含沙量的测定，涉及化学处理（分散、氧化和腐蚀）和物理操作（烘干、筛分、过滤分离和称重）。化学处理使用酸和氧化剂，物理处理涉及高温电器的使用，均存在一定的危险。每位实验操作人员须具备充分的安全意识，遵守实验室的管理制度，做到安全预防、自救处理，发生意外能正确进行处理。

2.1 管理制度

实验室是实验教学的重要场所，为保障实验教学安全有序进行，确保师生人身、财产的安全，根据沉积学实验室和实验教学的特点，结合实验教学需要和中国质检出版社撰写并出版的《实验室教学仪器设备安全标准汇编》（该书囊括由全国教学仪器标准化技术委员会组织起草的 GB 21746—2008《教学仪器设备安全要求总则》、GB/T 21747—2008《教学实验室设备实验台（桌）的安全要求及试验方法》、GB 21748—2008《教学仪器设备安全要求　仪器和零部件的基本要求》和 GB 21749—2008《教学仪器设备安全要求　玻璃仪器及连接部件》等国家标准）、GB/T 50159—2015《河流悬移质泥沙测验规范》和 GB/T 12763《海洋调查规范》，列出安全操作的一些基本规定如下。

（1）为了顺利完成实验任务，确保师生人身、财产安全，培养学生严谨、踏实、实事求是的科学作风和爱护国家财产的优秀品质，要求每个学生必须遵守实验室各类规章制度。

（2）学生实验前要充分预习，认真阅读实验指导书，明确实验原理、要求和目的，按要求写出预习报告和实验方案，不做预习或上课无故迟到 20 分钟者不得进入实验室。

（3）进入实验室后应保持安静，不得高声喧哗和打闹，不准抽烟、吃零食、随地吐痰和乱扔纸屑等杂物，保持实验室和仪器设备的整齐清洁，不做与实验内容无关的事。

（4）对于需要操作的仪器，学生必须熟悉其性能、操作方法及注意事项，正式

操作前应对照检查，在测验过程中，发现问题应报告老师处理。使用时，严格遵守操作规程，做到准确操作。

（5）对于大型设备和仪器的操作，教师必须经过相关培训，并要求学生具备操作和使用的能力。

（6）学生应独立完成实验操作，善于发现问题，培养分析问题、解决问题的能力。如实地记录各种实验数据，不得随意修改，同时，不得抄袭他人的实验记录或结果。

（7）爱护实验室的设备设施，节约用电和材料等，严禁在墙、桌椅和仪器等上面涂写，严禁盗窃和蓄意损坏公物，违者按学校有关规定进行处理；对于所使用的仪器设备，发现问题应及时报告。未经许可，不得动用与本实验无关的仪器设备及其他物品；严禁将实验室的任何物品带走。

（8）实验过程中必须注意安全，掌握出现险情的应急处理办法，避免发生人身伤害事故，防止损坏仪器设备。

（9）实验结束，须经指导教师检查实验数据和结果并签字后，方能拆除实验装置，并将仪器设备整理好，方可离开实验室。

（10）值班学生要负责关闭实验室的水、电、气和窗，并通知实验室管理人员安排物业保安人员做好巡察工作后，方能离开实验室。

（11）学生课外时间到实验室做实验，须按照有关规定（如实验室开放制度等）进行。

（12）实验过程中如发生事故，应自觉填写事故报告书，说明原因，总结经验，吸取教训；造成损失的，将视事故轻重，由相关部门按学校有关规定处理。

2.2 安全知识

海洋沉积动力学实验涉及较多易破碎玻璃器皿，如烧杯、玻璃棒、抽滤瓶、培养皿和干燥皿等，还会使用一些腐蚀性化学试剂，如过氧化氢、盐酸和六偏磷酸钠等，因此，实验过程必须严格按照操作步骤进行，注意安全；同时，实验会使用到大功率、超高温设备，如烘干箱、马弗炉、坩埚炉、电炉等，因此，操作人员须掌握用电安全知识。

1. 安全使用玻璃仪器常识

（1）有序存放玻璃仪器。在使用仪器前，应初步观察其是否破损，以免划伤手；发现破损仪器，应报告负责的教师，在进行相应登记后将破损仪器放置在指定区域，等待回收。

（2）需组装、拆卸玻璃仪器时，应遵循组装时从下至上、拆卸时相反的原则。

（3）需组装、拆卸玻璃仪器时，要防止仪器折断或破裂，切勿使用蛮力，如集液瓶与玻璃砂芯太紧难以拆分时，可用小木板沿着玻璃砂芯底部边缘四周由下向上均匀敲击，使其分开。

（4）在使用胶管连接玻璃仪器时，应事先将两者蘸水或甘油，使其湿润顺滑，易于操作。操作时，左手持需要接入的仪器，右手拿胶管，按顺时针方向慢慢旋转进入。

2. 安全使用化学试剂常识

1）防灼伤

实验中用于处理泥样的盐酸属于强酸，过氧化氢属于氧化剂，这两类试剂高浓度下均会对人体皮肤造成腐蚀，应小心处理；同时，两者均具有挥发性，须特别注意防止与眼部接触。

2）防中毒

用于分散泥样的六偏磷酸钠含有微量的重金属铅，以及非金属元素砷，砷会引起以皮肤色素脱失、着色、角化及癌变为主的全身性慢性中毒；工业级六偏磷酸钠还含有一定量的氟化物，低浓度的氟化物便会引起慢性中毒和氟骨症。因此，实验期间全程禁止进食饮水，如果需要可以洗净手后到休息室进行。

3. 安全用电常识

1）防止触电

（1）沉积学实验室内各仪器均使用 220～380 V 交流电，处理样品涉水，应注意勿用潮湿的手接触电器。

（2）室内大型仪器均已固定，涉及金属外壳的仪器已接地，非工作人员无故不得移动仪器。

2）防止引起火灾

（1）沉积学实验室操作台均配备 220 V 插座孔，请安全通电使用，严禁使用非实验室电器。

（2）仪器使用过程中，操作人员应在场，直至仪器关闭停止。有定时功能的设备，比如电热鼓风烘干箱，仪器工作期间，操作人员也不能离开现场。

（3）遇到仪器发生故障，应立即切断总电源；如电线起火，应立即断电，并使用沙或二氧化碳、四氯化碳灭火器灭火，禁止使用水等导电液体进行泼救。

4. 实验室中常见伤害的救护

（1）身体被玻璃仪器划伤，应及时报告教师，使用消毒水进行简单处理，并用创可贴等进行止血，严重时送医务室做进一步处理。

（2）烫伤或灼伤后切勿用水冲洗，一般烫伤可在伤口上擦拭烫伤膏或使用酒精擦拭表面，不会进一步损坏皮肤；严重时应报告老师，请医生处理。

（3）盐酸洒在实验台上，应先用碳酸钠或碳酸氢钠中和，再用水冲洗干净；沾在皮肤上，应先用干抹布擦去，然后用3%～5%碳酸氢钠溶液清洗；溅到眼睛里，应立即用水清洗，然后用5%碳酸氢钠溶液淋洗，再请医生处理。

3 实验常用仪器和设备

3.1 仪器

3.1.1 光学后向散射浊度计

光学后向散射浊度计（optical back scattering, OBS。如图 3 – 1 – 1 所示）通过接收后向红外辐射光的散射量监测悬浮物质。使用该仪器可测得水体的浊度值，通过与实测水样进行浓度标定，建立水体浊度与泥沙浓度的相关关系曲线，通过转化，可得到每一浊度值对应的泥沙浓度。应用该方法，能够实现快速、实时和连续的测量，适用于水体含沙量波动较大区域的悬浮泥沙的监测。

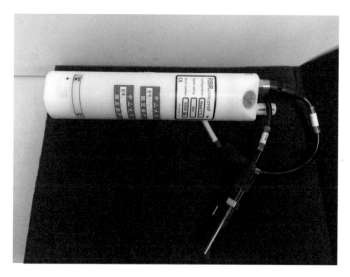

图 3 – 1 – 1　OBS 浊度仪

水体中悬浮物质，特别是泥沙，其浓度的观测，是水文行业调查的常规项目，也是海洋、水利、环境、化学等学科研究必不可少的基础工作。在悬移质泥沙测验规范（GB/T 50159—2015）中，悬移质处理有 3 种传统方法：烘干法、置换法与过滤法。传统测量方法效率低，且无法得到时空连续的浓度数据；而浊度仪很好地弥补了这一缺陷。

1. 结构组成

浊度仪由光学传感器、A/D 转换、控制主机、存储、接口、电源等模块组成。

2. 测量原理

OBS 浊度仪的核心是红外光学传感器。传感器内有接收传感器和发射二极管，在主机的控制下发射圆锥体红外光束，遇到水体中的悬浮物质后便会发生散射，接收传感器内的接收管接收散射信号，即后向散射信号，如图 3 − 1 − 2 所示。通常光线在水体中传输，由于介质作用会发生吸收和散射现象，其中，红外辐射在水体中的衰减率较高，正常情况下阳光的红外部分会被完全吸收，不会干扰 OBS 发射的光束。根据散射信号接收角度的不同，可分为透射、前向散射（散射角度小于 90°）、90°散射和后向散射（散射角度大于 90°）。从理论上讲，监测任一角度的红外光线散射量均可测量浊度，然而，散射率随散射角度的增大而减小，且在后向散射范围内散射率比较稳定，在后向散射接收范围内，无机物质的散射强度明显大于气泡和有机物质，因此，一般 OBS 浊度仪通过接收后向散射信号进行观测。

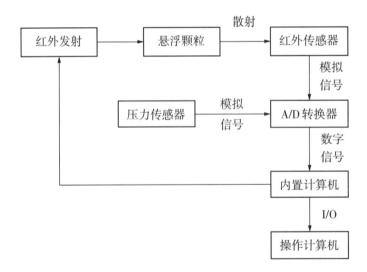

图 3 − 1 − 2　OBS 浊度仪原理示意

3.1.2　激光粒度仪

激光粒度仪利用经过验证的激光衍射系统来测定颗粒粒径。在沉积学实验中，泥沙颗粒粒径大小及其不同粒度的分布，是判别沉积环境和分析沉积物输运过程的重要依据。传统的粒度测量方法有筛分法、尺量法和沉降法。以上 3 种方法原理简单，实验器材成本较低，但受适用的粒径范围限制，而且偶然误差较大，操作分析效率偏低。故对于大部分泥沙样品，需多种方法结合以更好地满足粒度分析的要求。

1. 结构组成

激光粒度仪由主机、激光发射单元、光路系统、激光监测单元、检测池、分散流通池和计算机系统等组成。

2. 测量原理

与 OBS 浊度仪不同，激光粒度仪通过扇形的光学元件组收集水体里颗粒不同角度的衍射光，依据 Fraunhofer 衍射和 Mie 散射两种光学理论，从颗粒场中推出衍射模式，并依据各个不同衍射角度的激光能量计算出各种粒径颗粒的含量（如图 3 - 1 - 3 所示）。

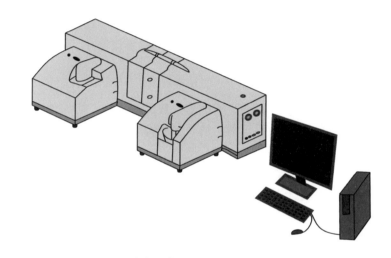

（a）马尔文 Mastersizer 2000

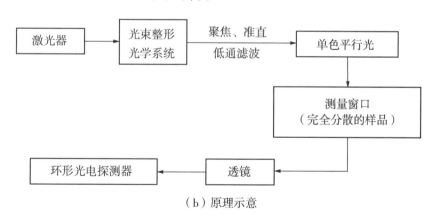

（b）原理示意

图 3 - 1 - 3　马尔文激光粒度仪与原理示意

按照 Mie 理论，介质中的微小颗粒对入射光的散射特性与散射颗粒的粒径大小及

其相对折射率，入射光的光强、波长、偏振度和散射角有关。颗粒越小，光线偏离量越大；反之，则光线偏离量越小。这些偏离可在对应观察屏上呈现光强分布不均匀的现象，通过测定这些不均匀的光强分布，可演算出颗粒的粒径含量，进而测量颗粒群的尺寸分布。

光学元件组中的检测器系统由多个检测器组成，每个检测器从特定角度收集光的散射，称为通道（channel），检测器系统对散射光抓取"快照"，由于这种"快照"只能收集特殊时候来自颗粒的散射光，一张"快照"并不能提供散射模型典型的资料，因此，通常会拍摄大量"快照"以满足统计的要求。

3.1.3 电子天平

电子天平是以电磁力平衡被称量物体的重力，通过电信号的解析得到物体质量的仪器。电子天平称量准确可靠，显示快速清晰，并且具有自动检测系统、简便的自动校准装置以及超载保护装置等，是实验室内常用的称重仪器。

1. 结构组成

电子天平由秤盘、传感器、位置检测器、PID 调节器、功率放大器、低通滤波器、模/数转换器、微计算机、显示器、机壳和底脚等部分组成。

2. 使用步骤

（1）天平的安放：将天平正确安放在稳固的工作台上，规避环境因素带来的气流波动、温度变化、振动和静电等（一般测量室要求恒温、恒湿）。

（2）天平水平调整：通过水平调节机脚将水平泡调至水平仪中心位置。水平面偏差，表示天平安放得不平衡。天平安放不平衡会使天平在使用中出现偏差，影响天平称重的精确度。

（3）天平预热：接通电源，不进行任何操作，静置一段时间。任何一台天平在使用前都必须通电预热，以减少系统误差。不同厂家和不同精度的天平对预热时间要求亦有差别，精度越高，预热时间要求越严格。天平预热是为了保证天平在预热时间内进行机械性自检和环境温度监测存储自检，从而确保天平系统正常稳定工作。一般沉积学实验使用的电子天平精度为 0.0001 g，预热时间为 60 min。

（4）天平校准：开机让秤盘空载并点击"ON"键，天平显示自检（显示屏上的所有字段短时点亮）。当天平显示回零时，就可以称量了。天平在使用前都必须先校准，后称重。

（5）天平称重：称量时将被称量物体放入秤盘中央，等待，直到不稳定状态显示符消失，读取称量结果。

3. 注意事项

（1）实验室天平使用一段时间后会出现偏移。不同品牌、同一品牌不同产品，都会有不同程度的偏差。因此，在使用实验室内的电子天平称量时，请固定选用同一台天平，以减小误差。

（2）天平断电、停电、转移或长时间未使用等，在重新启用时均须校准。

3.2 设备

3.2.1 电热鼓风干燥箱

电热鼓风干燥箱，即烘箱，采用电加热方式进行鼓风循环干燥，通过循环风机吹出热风，保证箱内温度恒定，以提供实验所需的温度环境，是一种常用的设备，主要用于干燥样品。

1. 结构特点

电热鼓风干燥箱（如图 3 - 2 - 1 所示）采用对流通风式结构，冷空气自底部风孔进入，经加热，一部分直接从底部小孔上升进入箱内，另一部分则通过内室左侧小孔进入，之后，热空气全部自顶部逸出。由于电动鼓风机促使室内热空气机械对流，室内温度均匀性较高。

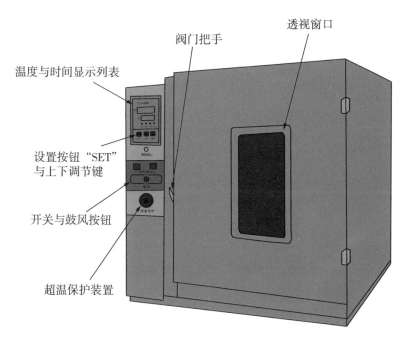

温度与时间显示列表　阀门把手　透视窗口　设置按钮"SET"与上下调节键　开关与鼓风按钮　超温保护装置

图 3 - 2 - 1　电热鼓风干燥箱

干燥箱箱体由钢板制成，内夹绝热层，保温性较好。与一般干燥箱相同，电热鼓风干燥箱箱门装有可视窗口，便于观察箱内物体试验情况；主要电器零件装于箱体左侧和底部空间，便于检修。同时，底部加热器分成多组，操作人员可通过选温开关，根据加热速度及使用温度合理选用档次。

2. 主要技术指标

（1）使用温度：60～300 ℃。
（2）温度波动：≤±1 ℃。
（3）温度均匀性允差：不大于最高温度的±2.5%。
（4）工作电源：交流 220 V。

3. 使用方法（以 101A-2ET 电热鼓风干燥箱为例）

（1）插上电源插座后，按下电源"开"绿色按钮，设备接通电源，控温仪表上开始有数值显示。

（2）拨动鼓风电动机开关至"开"处，使鼓风电动机运转。

（3）按控温仪表操作程序设定所需工作温度、时间及其他相关参数，使仪表进入测量控制状态。①按"SET"键，上排显示"SP"，按▲或▼键，使下排显示为所需的设定温度（▲为数值上升按钮，▼则相反。下同）；②再按一次"SET"键，上排显示"ST"，按▲或▼键，使下排显示为所需的定时时间；③再按电源"开"绿色按钮即可。

（4）当设定好控温仪表的工作温度并进入运行状态（即有"加热"输出指示）时，箱体上的加热指示灯亮起，表示箱体已进入升温状态。

（5）设备运行一段时间后，箱体加热指示灯"RUN"及仪表输出指示灯"OUT"同时首次出现闪烁（如已设定工作时间，此时开始计时），表示设备升温基本结束。此时仪表测量显示与设定显示相同，开始进入恒温调节状态。计时结束，仪表停止输出加热信号，加热指示灯灭。

（6）到达设定时间，即"ST"的时间，加热输出关闭，蜂鸣器叫4次以示提醒，上排显示测量值，下排显示"END"。若在仪表工作期间启动自整定，则定时功能被取消；自整定结束后，重启定时功能。仪表在工作期间，允许修改"ST"，前面的累计运行时间被"记忆"，并运行到新的定时时间。当新的定时时间"ST"小于前面的累计运行时间时，加热输出立即关闭，蜂鸣器叫4次以示提醒，仪表上排显示测量值，下排显示"END"［按▲/"TIME"键，仪表显示已经运行的时间（单位：分钟），运行结束或者超温报警人为解决故障后长按4 s可以重新启动；在运行过程中长按4 s可以结束运行］。

（7）设备使用完毕，先拨动鼓风开关至"关"，再按下电源"关"黄色按钮，使设备失电，并断开空气闸刀开关，使设备外接电源全部切断。

（8）超温保护温度值设定方法：该设备采用温包型温度开关，作为超温调节保护装置。一般情况下，取工作温度加上 10 ℃ 后的温度值作为超温保护温度值。首次设定超温保护温度值时，应在"空载"条件下调试，先使设备达到工作温度，再调节到超温保护温度状态，观察设备是否会失电，并停止加热（箱体加热指示灯灭）。本项调节工作至少进行 3 次，以确保超温调节器的保护功能可靠（可断电、停止加热），且超温保护作用的温度点符合设定要求；如不符合要求，则须再次调整设定值，并再次进行调节试验。调节超温保护温度值只需旋转旋钮，顺时针方向，量值增加；反之，则减小。

3.2.2 马弗炉

马弗炉（muffle furnace。如图 3-2-2 所示），又名马福炉，是一种通用的高温加热设备。在实验室内，加热、焚烧为较常见的操作，而马弗炉常用于高温焚烧，通过在密闭的空间内，利用电导体提供高温环境，达到焚烧的效果。下面以 1300 ℃ 的硅碳棒箱式耐火砖炉为例，进行相关介绍。

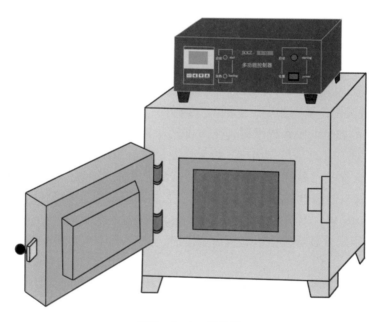

图 3-2-2 马弗炉

1. 结构组成

马弗炉一般由上部的电子温度控制器和下部的加热炉两部分组成。

2. 控制台面板说明（以 JKKZ-5-12 型号为例）

（1）上显示窗，显示测量值（PV）、参数名称。

（2）下显示窗，显示给定值（SV）、报警代号、参数值等。

（3）设置键，用于进入参数设置状态、确认参数修改等。

（4）◄，数据移位键（启动自整定）。

（5）▼，数据减小键。

（6）▲，数据增大键。

基本显示状态：仪表通电后，上显示窗口显示测量值（PV），下显示窗口显示给定值（SV），该显示状态为仪表的基本显示状态。输入的测量信号超出量程时（如热电偶断线），则上显示窗交替显示"orA"字样及测量上限值或下限值，此时仪表将自动停止控制输出。在基本显示状态下，如果参数锁没有锁上，可通过按▲或▼或◄键来修改下显示窗口显示的设定温度控制值。按▼键减小数据，按▲键增大数据，可修改数值位的小数点同时闪动（如同光标）。长按▲或▼键，可以快速地增大或减小数值，并且速度会随小数点右移自动加快（2级速度）。而按■键则可直接移动修改数据的位置（光标），按▲或▼键可修改闪动位置的数值，操作快捷。

3. 使用方法

（1）检查接线无误后即可通电，首先插上电源插头，将控制台面板上的电源（POWER）按钮拨向"开"的位置。

（2）进行电子温度控制台的操作，设定所需工作温度与时间及相关的其他参数：①按"SET"键，上排"SP"显示加亮，按▲或▼键，使下排显示为所需的设定温度（▲为数值上升按钮，▼则相反，下同）。②再按一次"SET"键，上排"SP"变暗，下排"ST"显示加亮，按▲或▼键，使下排显示为所需的定时时间。此时按下"启动"按钮，左侧"启动"和"加热"指示灯亮，之后温度随炉内温度升高而徐徐上升，说明工作正常。当温度上升至设定的所需温度时，"加热"指示灯灭、"启动"指示灯亮，电炉自动断电，停止升温。稍后，当炉内温度稍为下降，两个指示灯同时亮，电炉又自动通电。周而复始，达到自动控制炉内温度的目的。

（3）温度指示仪显示数据达到所需温度时，开始计时（原理及操作事项与电热鼓风干燥箱相同）。

（4）到所需加热时间后，再次按下"启动"按钮，使其弹起，"加热"指示灯和"启动"指示灯均灭，待指示温度降至100 ℃后，再打开炉门，取出所加热物体。

（5）使用完毕，首先将控制器面板上的电源按钮拨向"关"的位置，然后切断总电源开关。

4. 注意事项

（1）将电炉和控制台平放在室内平整的操作台上，或使用特定装置支撑。禁用木制架支撑，且远离其他怕热易燃的物体。

（2）孔与热电偶之间的空隙用石棉填塞。

（3）在连接热电偶时，应注意正负极不可接反。

（4）炉体和控制器的外壳必须接地，以保证安全。

（5）在供电线路电源输入端加装前级开关一只，使用比电炉线粗一倍的导线作接地线。

（6）通电前，先检查接线是否与铭牌符合，控制器等的接线螺丝是否有松落现象。待一切就绪，才可接通电源，使电炉升温。此时，仪表绿指示灯显示。

（7）电炉由于存放和运输过程中可能受潮，所以在使用前必须进行烘炉干燥，烘炉时间应为：200 ℃ 4 h，接着，600 ℃ 4 h。

（8）为了维护电炉使用寿命，须经常清除炉膛内的氧化物，禁止向炉膛内灌注各种液体。

（9）1300 ℃的电阻炉发热元件硅碳棒使用一定时间后会逐渐老化，老化后即使电压升到最高值也达不到额定功率，但仍可以继续使用。如再达不到工作温度，则必须更换新的硅碳棒，更换时注意硅碳棒的电阻大小。

3.2.3 抽滤装置

抽滤装置（如图3-2-3所示）利用气压差，让待测浑液通过混合材质滤膜，将水样中的悬浮物进行分离提取。其过滤速度远超自然过滤。

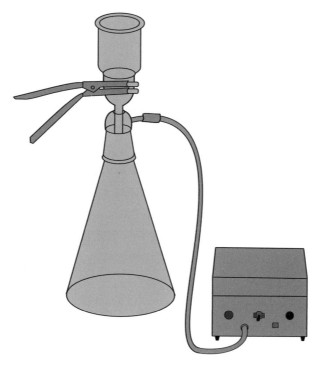

图3-2-3 抽滤装置

1. 结构组成

抽滤装置由低噪音、低压交直流两用真空泵，以及由抽滤瓶、集液瓶、玻璃砂芯和夹子构成的抽滤组合组成。该两部分由橡胶管和宝塔接口连接。

2. 使用方法

（1）安装仪器：将玻璃砂芯安装在集液瓶上部，使用硅胶管将玻璃砂芯和抽气泵连接起来（真空泵有两个气孔，左右分别对应"进气"和"出气"，与玻璃砂芯连接的为进气孔）。

（2）将滤膜润湿，平铺在玻璃砂芯表面，尽量保持在正中心。

（3）将抽滤瓶置于玻璃砂芯上部，借助弹簧夹子将两者紧密连接。

（4）打开真空泵开关，显示灯亮，开始工作。真空泵设有调速按钮，可根据实验需要调整抽滤速度。

3. 注意事项

（1）组装抽滤装置时，应遵循自下而上的原则，逐一安装；拆卸时则相反。

（2）抽滤装置安装好后，必须检查是否漏液：①抽滤时夹子用力点应在滤芯的直径中心，若偏心则会出现漏液。②样品抽滤前，须先用纯净水试验，确认不漏液。

（3）使用前应进行进、出气口的确定：打开抽气泵主机电源，用手指头堵住气孔，有吸力的为进气孔，否则为出气孔。集液瓶的玻璃砂芯孔是用硅胶管连接到抽气泵的进气口。

（4）进行抽滤时，滤膜应尽量放在正中间，保证全部覆盖在玻璃砂芯上，防止有浑浊水样直接进入砂芯，堵塞滤孔，造成抽滤速度减慢；严重时需更换玻璃砂芯。

（5）抽滤结束时，先关闭真空泵电源，打开夹子，用裁纸刀配合镊子取下滤膜。

（6）集液瓶内残液须人工倾倒处理，进行抽滤前，均须观察集液瓶内液面，估算抽滤的容积。如果估计本次抽滤会导致集液瓶液体溢出，则需要提前倾倒处理。一般超过集液瓶的2/3时（即图3-2-3仪器具体容积标识处），建议倾倒废液，避免水满后被抽入真空泵，损坏机器。

（7）若滤芯和集液瓶吸附太紧，无法拔开，取木板对准滤芯底部玻璃边缘，从下向上用力轻轻敲击数次，即可打开，不可用铁器或蛮力。

3.2.4 移液管

移液管（如图3-2-4所示）是一种量出式器材，用以准确移取一定体积的溶液。它是一根中间有一膨大部分的细长玻璃管，下端为尖嘴状，上端管颈处刻有一条标线（所移取的准确体积的标记）。在沉积学实验中，主要用于沉析法沉积物分析，在一定深度上吸取一定量的水样。

图 3 -2 -4　移液管

1. 使用方法

（1）润洗：用干净的烧杯装满纯净水，用滤纸将清洗过的移液管尖端内外的水分吸干，垂直插入小烧杯中，将被挤压的吸耳球置于移液管上方，吸耳球尖端完全插入移液管，通过释放吸耳球来吸取溶液。当吸取液体至移液管的 1/3 时，拔出吸耳球并立即用右手食指按住管口，从盛液瓶里取出，横持并水平转动移液管，使纯净水流遍移液管内壁，置于废液瓶上方后放开手指头，让废液从下端尖口处排出，进入废液瓶。润洗 3 ～4 次即可。

（2）吸液：将润洗过的移液管插入待吸深度处，用吸耳球按上述操作方法吸取溶液。当管内液面上升至标线以上 1 ～2 cm 处时，迅速用右手食指堵住管口。在移动移液管时，应保持垂直，不能倾斜。

（3）放出溶液：将移液管直立，量筒倾斜，移液管下端紧靠量筒内壁，放开食指，让溶液沿量筒内壁流下，待管内溶液流完后，将移液管在原地沿内壁前后滑动，之后移走移液管。

2. 注意事项

（1）每次使用完移液管后，重新使用或搁置时，均需使用纯净水进行润洗。
（2）因为移液管需要借助吸耳球吸取液体，所以需注意防止样品进入吸耳球。

3.2.5　振筛机

振筛机（如图 3 - 2 - 5 所示）是配合标准检验筛，通过有规律的偏心摇摆振动进行样品筛分，以代替手工筛分的机器。

图 3 - 2 - 5　振筛机与标准筛

1. 结构组成

振筛机由 3 根不锈钢立杆、上压盘、底座、电机和传统机械开关组成。

2. 原理

传动带连接皮带轮，皮带轮带动主偏心轴及副偏心轴转动，推动整个筛组做一定偏心距的平面圆周摆动。电动机同时又带动另一对涡轮通过凸轮，引起摆动架周期性地顶起并落下，做振击运动，使筛座具有回转及振击双重运动，达到筛具对物料进行筛分的目的（如图 3 - 2 - 6 所示）。

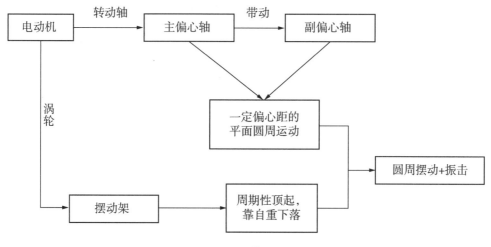

图 3-2-6 振筛机流程示意

3. 使用方法

（1）标准筛按正确顺序叠放（大孔径在上，小孔径在下，最底层为筛具底盘）。将样品置入最上一层的筛具内，盖好上盖，然后把套筛放到本机的底座上，随后旋紧压柄螺丝，以固定筛具。

（2）插上电源插头，按所需的工作时间转动定时开关，按下控制按钮启动，该机自动在指定时间内振动。

（3）待定时器旋转开关转回原点时，振筛机便自动停止工作。

（4）逆时针方向旋转压柄螺丝，提起上盖，并固定在立杆上，随后取下筛具，依次将振筛后各号筛子内的物料转移到硫酸纸上，并进行相应的后续操作。

（5）自动停止或手动停止工作，如长时间不动，须拔出插头，切断电源。

4. 注意事项

（1）因为振筛机运作过程涉及大幅度振动和转动，所以启动仪器前，必须确保已旋紧压柄螺丝。

（2）振筛机不适宜放置在工作台上，应平稳地放置在地面上，与周围物体保持安全距离。

（3）振筛机正常工作时，其振动声音规律；当产生刺耳的声响或敲击声时，应及时检查顶盖手柄松紧度，以及标准检验筛是否偏移正中心。

（4）一般电机具有超温保护，当温度超过电机允许的工作温度时，会自动停机保护电机，待电机温度降低后就可以恢复正常工作。

3.2.6 标准检验筛

单个的标准检验筛为孔径固定的网格筛子，允许小于筛子孔径的颗粒物通过。标准检验筛使用时按照孔径大小自上而下递减进行叠放（如图 3-2-5 所示），将样品按照不同粒径区间进行分离，得到粒径组分比例。标准检验筛一般为圆形，可安装在振筛机上，常见的孔径大小有以下 11 种：0.063，0.09，0.125，0.18，0.25，0.355，0.5，0.71，1，1.4，2 mm，一般执行国家标准 GB 6003，即国际标准 ISO 3310。

注意事项：

（1）每次使用检验筛之前，均须检查筛面是否完好，即金属丝表面应该光滑，不应有裂纹、起皮和氧化皮，网格正常，网面应平整、清洁，不应有断丝、跳丝、并丝、松丝、折痕、锈蚀及机械损伤。

（2）检验筛使用前后均应保持干燥整洁，不残留实验样品，不沾腐蚀性物品。

（3）使用前后必须逐一检查筛子顺序是否按照孔径大小自上而下递减叠放。

（4）如有需要清洗，则清洗后务必通过烘干箱烘干冷却，再进行保存。

3.2.7 通风橱

通风橱（如图 3-2-7 所示），又称烟橱，是实验室，特别是生物化学实验室常见的大型设备。其作用是减少实验者与有害气体的接触，防止有毒化学烟气对人体的伤害。根据其形状和排气方式，可以分为以下 7 种类型：通用型、无管道型、补风型、连体型、桌上型、两面型和落地型。沉积学实验涉及的泥样浸泡和氧化、焚烧处理过程均须在通风橱内进行。本书以无管道型为例，介绍通风橱的结构特点。

（1）空气过滤系统：是最主要的系统，由风机和风道组成，风道填充泡沫塑料、活性炭以及其他特殊材料，用以过滤吸附灰尘和很多化学物质。

（2）前玻璃门驱动系统：由门电机、前玻璃门和牵引机构等组成。

（3）紫外光源：主要为紫外光灯光，设置于操作室内，能够充分照射到。

（4）照明光源：使用直管型节能荧光灯。

（5）控制面板：有杀菌、照明、风机控制、风速调节、玻璃门上移、玻璃门下移、插座、电源等触键，及风挡显示单元和各功能工作显示灯。

无管道通风的通风橱不需要外连管道，不污染外部环境，而且对实验室温度影响小。其缺点是必须定期更换过滤材料，实验者接触有害气体的可能性比使用抽气通风橱大，而且噪声大。这类通风橱有如下过滤程序：先使用泡沫塑料过滤除尘，再通过活性炭过滤，吸附掉一定量的化学物质。但氨和一氧化碳需要其他特殊过滤装置才能除掉。前过滤的材料平均能使用 6 个月，活性炭层平均寿命 2 年，具体寿命要视使用情况而定。

图 3 - 2 - 7　通风橱

3.2.8　电炉、石棉网

电炉使用金属或非金属导体来产生热源，结构简单，使用方便。在本实验课程中，该设备应用于滤纸的焚烧。一般来说，金属发热体包括 Ni - Cr 电热线（最常见，最高可加热至 1200 ℃）、Mo - Si 合金及 W、Mo 等纯金属；非金属发热体包括 SiC（最常见，最高可加热至 1600 ℃）、$LaCrO_3$ 及石墨棒（真空或保护气下可加热至 2000 ℃）。

石棉网（如图 3 - 2 - 8 所示）是化学和物理学实验上常用来使仪器受热均匀的器材，由两片铁丝网中间夹一张含石棉纤维的棉布组成。

在一般实验中，将石棉网置于酒精灯的三脚架上，而在沉积学实验中，将其置于电炉表面配套使用，确保受热均匀。

图 3 - 2 - 8　电炉与石棉网

3.2.9　干燥皿

干燥皿（如图 3 - 2 - 9 所示）是提供一个相对干燥的环境，防止物体冷却过程中潮解的密封容器。干燥皿整体上宽下缩，底座下半部分为缩细的腰，束腰的内壁有一宽边，用以搁放具有大小不同孔洞的瓷板。需要被干燥的物质安置于瓷板上方，干燥剂置于下方。盖子为拱圆状，盖顶上有一只圆玻璃滴，作为手柄移动盖子用。干燥皿的盖子宽边磨平，与底座相吻合，以达到密闭的目的。

图 3 - 2 - 9　干燥皿

1. 使用方法

将干燥皿洗净擦干，在干燥皿底座内依用途放入不同的干燥剂（一般用变色硅胶），然后放上瓷板，将待干燥的物质放在瓷板上。在打开干燥皿盖子时，应一手按住干燥皿，另一手小心地将干燥皿盖子沿水平方向稍微推开，等冷空气徐徐进入方能完全推开，之后将干燥皿盖子仰放在桌上。

2. 注意事项

（1）如果物质较热，放入后要不时移动干燥器盖子，放出空气，以免空气受热膨胀把盖子顶起来。

（2）打开盖子时，如出现太紧的情况，切忌蛮力拉拔，以免损坏器皿。可将木板压在顶盖边缘，用锤子轻轻敲击木板，使得顶盖缓慢平滑移动。

（3）本书所述及的干燥皿不需要加温，只需更换干燥剂（变色硅胶），变色硅胶可以循环使用。如变色硅胶颜色由蓝紫色变成浅红色，说明已吸湿，失去了干燥作用，应放入 $105 \sim 120$ ℃干燥箱里进行干燥，待它的颜色由浅红色变为蓝色即可重复使用。

3.2.10　电子搅拌器

电子搅拌器是通过可调速的搅拌棒将样品液体搅匀或使液体保持均匀状态，以便于实验操作的设备。在沉积学实验中，由于标定实验等需要使用底沙配制一定浊度的液体，为保证浑液内部均匀，需使用搅拌器进行搅拌操作。

注意事项：

（1）使用搅拌器时，须保证盛液瓶的直径足够大，搅拌器位于中间位置进行搅拌，不触碰瓶壁，防止两者损坏。

（2）使用搅拌器搅拌过程中，切忌将手或其他仪器伸进盛液瓶，防止出现损伤事故。本书实验配制的浑液含大量泥沙颗粒，沉降速度快。为配合样品采集，需用电子搅拌器，以保持浑液均匀。在操作过程中，应保证浊度仪探头与搅拌片保持适当距离，且调节好搅拌速度，确保表面没有漩涡中心和气泡产生。

（3）安装时要保证搅拌器轴为同心转动，如发现偏心转动则应停止并调整修正。

3.2.11　简易沉降装置

简易沉降装置主要由 1000 mL 或 2000 mL 的量筒（沉降筒）、搅拌器、秒表、25 mL移液管和吸耳球组成（如图 3 - 2 - 10 所示）。在化学实验中，常用的搅拌棒为环形玻璃搅拌棒，下部为中空的玻璃环，通过上下抽动，使水体均匀混合。然而，由于沉积学实验的浑液中含有较粗颗粒泥沙，搅拌棒不能达到均匀搅拌的效果，因此，须自制底座为含圆孔盘的有机玻璃材质搅拌器，其下部圆盘直径为 5.5 cm，盘上对称均匀分布 6~8 个直径 1 cm 的圆孔，圆盘与一根相同材质的柱棒相连。

具体操作方法如下：

（1）将对应浑液倒入 1000 mL（或 2000 mL）量筒中，添加纯净水至 1000 mL（或 2000 mL）。

（2）搅拌器在沉降筒中上下强烈搅拌 10 s（不致使液体溅出），然后匀速搅拌 1 min（往复大约 30 次），具体要求为：向下触及筒底，向上不离水面。在最后 1 s 内轻轻提出搅拌器，沉降时间由此起算。

（3）停止搅拌后，使用移液管立即在液面下中部吸取均匀的代表样一次，置入量筒内测量体积后倒入盛液烧杯，并用少量纯水冲洗吸管内壁和量筒，一并倒入盛液烧杯。

（4）对后续吸液取样，均需要在对应时间（见附录 2）达到前 15 s 将吸管轻轻置入要求悬液的深度，当吸液时间到，应在 15 s 内匀速准确地吸取对应深度的浑液。

（5）浑液置入量筒内测量体积后倒入盛液烧杯，并用少量纯水冲洗吸管内壁和量筒，一并倒入盛液烧杯。

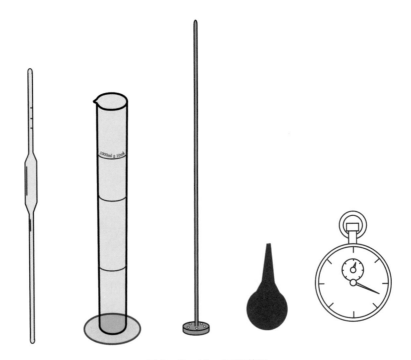

图 3-2-10　沉降装置

4 实　验　内　容

　　本章详细介绍 9 个实验课程的教学方案，覆盖海洋沉积动力学所需的常规野外采样技能和实验操作方法。9 个实验可以分开或者穿插进行，每个实验安排为 6～8 个课时（每节课 45 min），并根据课时确定教学方案里的实验样品数目。

　　其中，实验五因涉及时间跨度比较大，建议在前 3 个实验课结束时，利用课余时间穿插进行下一次实验的准备工作，每次完成一次循环浸泡、烘干和称重。实验五、实验六完成的末尾必须为实验九准备滤膜（即提前进行滤膜恒重准备），要进行至少 20 张滤膜的第一次浸泡，具体步骤参考"实验五　滤膜恒重方法"。

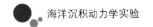

实验一　野外考察与采样

4.1.1　预习部分

（1）了解海岸地貌——海蚀地貌与海积地貌的具体特征。

（2）了解海岸类型分类及其演化。

（3）了解泥沙筛分和粒径分析方法。

（4）查找当地的潮汐表，了解当地天气情况。

4.1.2　考察目的

（1）实地考察岸滩的地形地貌，观察海滩沉积剖面的垂直结构、沉积构造和沉积物的物质组成等特征。

（2）为后续的室内实验分析提供实验样品。

4.1.3　实习具体安排

1. 考察与采样地点

砂质海滩（本实验属于中山大学海洋科学学院的课程，采样地点选择为毗邻中山大学珠海校区的广东省珠海市淇澳岛沙滩或附近的口门）。

2. 行程安排

早上，全体成员在实验室集中进行野外出发前动员，在指导教师讲解安全以及相应作业内容后，携带全部的仪器和工具乘车前往采样地点。

现场，首先由指导教师以实地环境为例，讲解沙滩形态、地貌、沉积特征以及沿岸水文特征，然后分组进行沙样、水样的采集，OBS 浊度仪和 CTD 温盐深测量仪的测量工作。野外工作大致进行 5 h，考察、采样结束统一回校，整理和安放样品，归还工具等。

3. 仪器和工具

（1）OBS‑3A 浊度仪 1 套、CTD 温盐深测量仪 1 套、坡度测量仪 1 把。

（2）铁锹、小铁铲、白手套、水鞋、密封采样袋、水样瓶、标签纸、油性笔、皮尺、卷尺、救生衣。所需工具数量视参与人数而定。比如，24 名同学分 3 组，每

组配备 1 名教师，所需工具数量如下：铁锹 6 把（每组 2 把）、小铁铲 6 把（每组 2 把）、白手套 29 双、水鞋 3 双、密封采样袋若干、水样瓶若干、标签纸若干、油性笔 3 支、皮尺 3 个（每组 1 个）、卷尺 3 个（每组 1 个）、救生衣 29 套。

4. 野外考察采样

（1）每位同学提前预习和准备，课前独立上网查找考察地的潮汐表。

（2）观察岸滩形态、地貌结构和沉积物的物质组成等特征；采集海滩沙样，沿着沙滩纵线从低到高，均匀间隔进行。每组选择一处挖掘沙坑一个，沙坑长 1.5 m，宽 1.5 m，深 2 m，观察沉积地层的垂直结构。各小组独自在剖面上采集各分层沉积物样品，带回实验室内自己组分析。

（3）水体浊度观测（OBS）与同步水样采集：计划采集 15 个点的水样，每组采集 5 个，要求在海图上标记采样的位置、坐标。

（4）河床底泥采集：计划采集 10 个底泥样品，要求在海图上标记采样的位置、坐标。

5. 医、食物资

携带矿泉水（提前购买）、午餐（自备干粮），教师同时携带野外急救医疗包。

6. 注意事项

（1）每位同学自备铅笔及笔记本以便记录。

（2）天气偏冷，海风较大，各位同学根据体质自带足够的外套、帽子。

（3）野外工作可带少量现金，雨伞、相机等物品视情况配备。

（4）手机请保持开机状态，以便实时联系。组长做好检查，确认组员在队。

（5）务必遵守教师及组长的安排，有特殊事情须及时跟教师汇报。

（6）海边危险，切勿打闹追逐，以免发生危险。

（7）务必注意人身和仪器安全，加强危险防范意识。

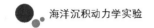

实验二　沙质沉积物筛分法

筛分法是泥沙粒径分析常用的传统办法，通过振筛机与标准检验筛配套，达到泥沙分级的目的。对于较粗粒径的砂类，目前尚无其他方法能代替筛分法进行粒径分析，因此，该实验方法是泥沙粒度研究的必备技能。

4.2.1　预习部分

实验前，学生预习本书第一章的相关背景知识，同时查阅与筛分法相关的文献或实验报告，了解该实验的目的、原理和科学意义，具体内容如下：

（1）了解泥沙的物理、化学特征。

（2）掌握沙粒粒径（粒度）测定的方法。

（3）了解筛分法测沙粒粒度分布的原理和方法。

（4）掌握使用筛分数据绘制粒度级配图和分配曲线的方法。

（5）学习使用泥沙粒径参数对沉积地貌进行描述。

4.2.2　实验部分

1. 实验目的

（1）掌握沙粒粒径（粒度）测定的方法。

（2）巩固筛分法测沙粒粒度分布的原理和方法。

（3）掌握粒度级配图和分配曲线的绘制方法。

2. 操作分组和工作量

两人一组，每组按照要求完成沙坑各层全部样品的筛分和粒径分析，一般 6 个课时内只能完成 5 个样品。

3. 材料与仪器

（1）实验材料：珠海市淇澳岛海滩考察所采集的沙样。

（2）振筛机 1 台、标准筛 1 套、平口小刷子 1 把、记录纸 3 份、硫酸纸（市购。后同）1 份、乳胶手套 1 副、棉手套 1 副、小号搪瓷托盘 1 个、25 mL 烧杯 1 个（称重用）、50 mL 烧杯 5 个（盛放沙样用）、铅笔 1 支和扁嘴无齿镊子 1 支。

（3）电子天平、烘干箱、干燥皿和削笔刀。

4. 实验前准备

（1）将 50 mL 烧杯全部清洗，开启烘干箱，将烧杯放进 105 ℃ 烘干箱里烘干（大约 30 min），移入干燥皿中自然冷却至室温。

（2）将沙样（做好相应标记）倒入托盘，置入 105 ℃ 烘干箱内烘干 3～6 h。

（3）检查干燥皿中的干燥剂，确保具有吸湿效能。若已失效，则应将干燥剂取出，置于烘干箱内烘十。

5. 实验步骤

实验步骤如图 4-2-1 所示。具体如下。

（1）烧杯编号、称重（每次操作前均对天平进行归零）。

（2）取野外所采集的沉积物样品，用镊子除去草根和贝壳等杂质，再置于 105 ℃ 烘干箱中示意性烘干 30 min（受课程时间限制，课程前样品已经过烘干），置于干燥皿内冷却到室温，待用。

（3）原样搅拌均匀，按四分法取样。

（4）选取 0.063，0.09，0.125，0.18，0.25，0.355，0.5，0.71，1，1.4，2 mm 的筛 1 套（含顶盖与底盘），各个筛从上到下按孔径由大至小的顺序叠好，并装上筛底盘，将称好的沙样倒入最上层筛子，加上顶盖。

（5）启动振筛机，工作 15 min。若无振筛机，则可人工操作，用双手上下扣住套筛，均匀用力使之做圆周摇动，时间相同。

（6）打开顶盖，逐层处理沙样。用毛刷轻轻将筛盘上的细沙扫至事先准备好的硫酸纸上，如果有沙粒夹在筛网上，可轻轻敲打筛子边框。

（7）将硫酸纸上的沙粒移入称重烧杯内，纸上部分残余颗粒可使用毛刷进行辅助清扫，保证全部颗粒装入称重烧杯内。

（8）用电子天平称量各级筛子上的沙粒重，扣除烧杯质量即为各个粒径间的沙粒重，精确到千分位。

（9）把数据填入表 4-2-1，计算误差。如在误差范围内，则修正到最细粒级里，否则应另取样品重做。

（10）将所称量的各粒径间的质量记入表 4-2-2 中，并依次计算各粒径沙量占总质量的百分比。

（11）按各粒径间的质量分数及累积百分比分别绘制分配曲线和粒度级配图。

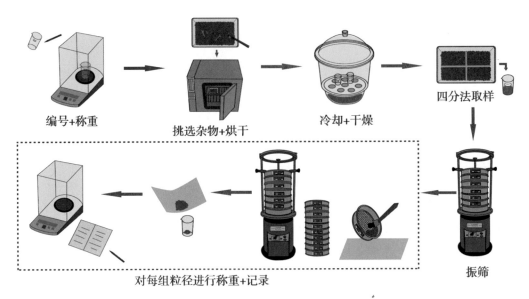

编号+称重　　　挑选杂物+烘干　　　冷却+干燥　　　四分法取样

对每组粒径进行称重+记录　　　　　　　　　　　振筛

图4-2-1　沙质沉积物筛分法实验步骤示意

6. 注意事项

（1）打开各层筛子时，如果两层筛子相互扣死，请勿使用蛮力拔开，可用镊子尾端（非尖头部）轻轻撬松后打开，以防沙子飞溅出去。

（2）筛网中卡有沙粒，使用毛刷清扫时，切勿过于用力戳，以免伤害筛网，尤其是细筛。

（3）标准筛个数受振筛机高度限制，可分两次筛选，因此要注意筛笼顺序，避免错误。

（4）使用电子天平称量前要先进行天平调平与调零，称量时要待读数完全稳定之后再进行记录。

（5）使用天平称量时，同一样品须选用同一台电子天平，以防使用不同的电子天平时产生误差。

（6）沙样如果超过120 g，可倾倒部分于硫酸纸上，分多次称量。

4.2.3　数据记录与结果分析

1. 数据记录

实验数据记录于表4-2-1、表4-2-2。

表 4 - 2 - 1 　泥沙粒径记录表（1）

组员：_____　　　日期：_____

1 号皿重：_____　　2 号皿重：_____　　3 号皿重：_____

4 号皿重：_____　　5 号皿重：_____

（盛装沙样的器皿常用烧杯）

粒径 d/mm	第_____坑 第_____层 样品质量（含烧杯）/g	第_____坑 第_____层 样品质量（含烧杯）/g	第_____坑 第_____层 样品质量（含烧杯）/g	第_____坑 第_____层 样品质量（含烧杯）/g	第_____坑 第_____层 样品质量（含烧杯）/g
>2					
1.4～2					
1～1.4					
0.71～1					
0.5～0.71					
0.355～0.5					
0.25～0.355					
0.18～0.25					
0.125～0.18					
0.09～0.125					
0.063～0.09					
底盘（<0.063）					
合　计					

误差分析如下：

$$E = \frac{M - \sum_{i=1}^{n} m_i}{M}$$

式中：E 为误差；M 为原始沙样质量；m_i 为各筛的沙样质量；n 为筛的个数，包括底盘。以上质量均已扣除烧杯质量。

表 4-2-2 某一样品的泥沙粒径累积质量分析表

组员：_____ 　　　　日期：_____

Φ 值 ($-\log_2 d$)	粒径 d/mm	筛上质量 m_i/g	分级质量分数 $P_i/\%$	大于某粒径的 百分数 $P_{si}/\%$	小于某粒径的 百分数 $P_{xi}/\%$
-1.000	2				
-0.490	1.4				
0.000	1				
0.490	0.71				
1.000	0.5				
1.490	0.355				
2.000	0.25				
2.470	0.18				
3.000	0.125				
3.470	0.09				
3.990	0.063				
—	底盘		—	—	—
—	合计		—	—	—

注：本表记录的筛上质量应扣除烧杯质量。

表中：

$$P_i = \frac{m_i}{M} \times 100\%$$

$$P_{si} = \frac{\sum_{i=1}^{n} m_i}{M} \times 100\%$$

$$P_{xi} = 1 - P_{si}$$

2. 结果分析

（1）列表分析各粒径间沙粒的质量分数。

（2）检查各层筛面质量总和与原试样质量的误差，若误差未超过 2% ，此时可把损失的质量加在最细粒级中；若误差超过 2% ，应另取样品，重新进行实验。

（3）绘制沙粒分配曲线和概率累积折线图（半对数曲线）。

4.2.4 探索与思考

（1）分析实验数据误差的来源。为何有些分析结果出现负值，即各层累计质量比原样还大？

（2）进行粒度参数计算，并根据特征参数值进行数据统计和泥沙类型标识。

（3）综合现场考察，分析实验数据和统计结果；结合理论知识，推断沉积物形成的成因。

实验三　泥质沉积物筛分法

通常，海洋沉积物的颗粒较细，但在动力条件复杂的情况下，1 mm 以上的沙类也较为常见，并可由此推断沉积环境与沉积动力。依据传统的方法，泥质沉积物粒径分析需要借助筛分法和沉析法两种方法才能完成。

4.3.1　预习部分

实验前要求预习和查找相关资料，了解该实验的目的、原理、意义。

（1）了解筛分法测量沉积物粒径的处理步骤和方法。

（2）了解沉积环境与泥沙粒径的关系。

（3）查阅有关黏土有机质样品的处理和粒径分析的相关文献。

4.3.2　实验部分

1. 实验目的

（1）掌握筛分法测沉积物粒径分布的原理和方法。

（2）掌握绘制粒度级配图和分配曲线的方法。

2. 操作分组和工作量

两人一组，完成 2 个沉积物样品的相应操作。

3. 材料与仪器

（1）实验材料：潮滩、河床所采集的底泥。

（2）振筛机 1 台、标准筛 1 套、小口径筛（直径为 10 cm，筛孔孔径 0.063 mm）1 个、开口蒸发皿 4 个、250 mL 烧杯 4 个（配 10 cm 小口径筛 2 个）、100 mL 烧杯 5 个、25 mL 称重用的小烧杯 1 个、洗瓶 2 个、搅拌玻璃棒（带胶管）2 支、小平口毛刷 1 支、扁嘴无齿镊子 2 支、硫酸纸 1 份、乳胶手套 2 副、棉手套 2 副、中号搪瓷托盘 1 个、铅笔 1 支、记录纸 1 份。

（3）电子天平、烘干箱、干燥皿、削笔刀、纯净水（市购。后同）、30% 体积分数的盐酸和过氧化氢若干。

4. 实验前准备

（1）提前将称重烧杯、蒸发皿清洗干净，放进 105 ℃烘干箱里烘干（大约

30 min），移入干燥皿中自然冷却至室温。

（2）选取样品，挑选掉贝壳、有机物和云母等非沙物质，加入 0.5 mol/L 六偏磷酸钠［$(NaPO_3)_6$］溶液［51 g 的 $(NaPO_3)_6$ 用纯净水溶解成 1000 mL 溶液，样品量少的时候可以用 10.2 g 溶解成 200 mL 溶液］浸泡 24 h 使样品充分分散，每隔 8 h 轻轻搅拌 1 次。

（3）按四分法，准备若干份样品。按表 4 - 3 - 1 估算各个样品的质量，以保证样品具有较好的代表性，从而得到较为精确的固有粒度配比。将样品移入 250 mL 烧杯内，做好标记，全部置于托盘里。

（4）托盘移入通风橱里，加入过氧化氢，液面达到 150 mL 处，浸泡 6 h，去除有机质。

（5）倒掉表面清液，清洗搅拌，加入盐酸浸泡 6 h，去除贝壳等非沙物质，等待课程中取用。

表 4 - 3 - 1 粒度分析取样质量估算

最大颗粒直径/mm	取样最小量/kg	最大颗粒直径/mm	取样最小量/kg
25	10.0	6.00	0.50
19	5.0	5.00	0.25
13	2.5	3.00	0.10
9	1.0	0.07	0.01

注：直径大于 25 mm 的砾石，一般应尽可能在野外进行现场分析和描述，故本表未予列入。

5. 实验步骤

实验步骤如图 4 - 3 - 1 所示。具体如下。

（1）开启烘干箱预设到 105 ℃，烘干 4 h。

（2）蒸发皿对应编号。

（3）将孔径为 0.063 mm 的小筛（直径 10 cm）架在 1000 mL 烧杯口上（如果偏大，选取 800 mL 烧杯），作为洗沙工具。

（4）戴上乳胶手套，将"实验前准备"中（5）所得的样品倒入洗沙工具中，用纯净水反复冲洗，使小于 0.063 mm 的物质被充分冲洗掉，待洗下的剩液清澈后，将筛子里沙样置于蒸发皿内，多个样品摆列在托盘里。

（5）将托盘移入烘干箱烘干 20～40 min（规范操作应设置 105 ℃，烘干 4 h），取出置于干燥皿内继续冷却 20～30 min 至室温。

（6）称量总质量。

（7）选取 0.09，0.125，0.18，0.25，0.355，0.5，0.71，1，1.4，2 mm 的筛 1 套（含顶盖与底盘），标准筛从上到下按孔径由大至小的顺序叠好，并装上筛底盘（0.063 mm 的可以不加入）；将称好的沙样倒入最上层筛子，加上筛盖。若振筛机高

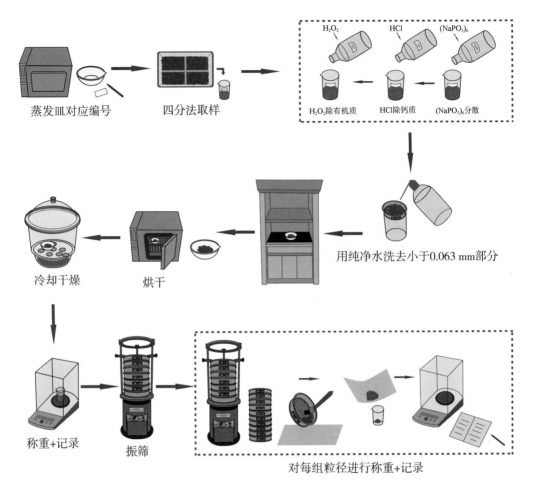

图 4 - 3 - 1　泥质沉积物筛分法实验步骤示意

度不足，则需将标准筛分为两批进行。

（8）使用振筛机，操作 15 min。若无振筛机，则可人工操作，用双手上下扣住套筛，均匀用力使之做圆周摇动。

（9）打开顶盖，逐层处理沙样。把筛盘上的沙倒在硫酸纸上，用毛刷轻轻将细沙扫至纸上，如果有沙粒夹在筛网上，可以轻轻敲打筛子边框。

（10）将沙样移入烧杯内，纸上部分残余颗粒可使用毛刷进行辅助清扫，保证颗粒全部装入称重烧杯内。

（11）用电子天平称量各级筛子上的沙粒重，记录皿干样重，作为各个粒径间的沙粒质量，精确到千分位。

（12）把数据填入表 4 - 3 - 2，计算误差，如果在误差范围内，则修正到最细粒级里。

（13）依次计算各粒径沙量占总质量的百分比。

（14）计算校正值范围应在 0.95～1.05，若超出该区域则需要重新取样操作。

（15）按各粒径间的质量分数及累积百分比，绘制相应的分配曲线和粒度级配图。

6. 注意事项

参考实验二的"注意事项"。

4.3.3　数据记录与结果分析

1. 数据记录

实验数据记录于表4－3－2。

表4－3－2　泥沙粒径记录表（2）

组员：_____　　烧杯重（g）：_____　　日期：_____

粒径 /mm	采样点 *		采样点 *		采样点 *	
	样品质量（含烧杯）/g	净重/g	样品质量（含烧杯）/g	净重/g	样品质量（含烧杯）/g	净重/g
>2						
1.4～2						
1～1.4						
0.71～1						
0.5～0.71						
0.355～0.5						
0.25～0.355						
0.18～0.25						
0.125～0.18						
0.09～0.125						
0.063～0.09						
合计						
筛前						
校正值						

2. 结果分析

（1）计算各粒径间沙粒的质量分数。

（2）绘制粒度级配图和分配曲线。

4.3.4　探索与思考

（1）分析实验误差的来源。

（2）分析同一样品各组的实验数据存在差异的原因。

（3）用福克定义进行粒度参数计算，根据沉积物分类、特征参数计算方法、分配曲线等进行数据分析。

（4）汇总全班实验数据，结合理论知识，分析浅滩和河口沉积物形成的原因。

实验四　泥质沉积物激光粒径分析法

激光粒径分析法是较新的粒径分布测量方法，其利用光学衍射和散射原理进行测量分析，具有准确、高效和方便的优势。但该方法也有一些缺陷，如测量结果受颗粒形状影响很大，对颗粒粒径的测量结果相当于同衍射角的球体直径，测定的不规则颗粒直径比相同体积的球形颗粒大；颗粒的形态、成分对折射率、吸收率的影响存在差别，对结果也会产生偏差。本课程方案在此认识的基础上开展相应实验，并从中体会该方法的优势和不足之处。

4.4.1　预习部分

实验前查阅文献，了解激光粒度仪的使用方法、注意要点，特别是激光粒度仪的原理和测量技巧等。比如，马尔文激光粒度仪测量的粒径范围是 $0.02 \sim 2000\ \mu m$，若样品粒径较粗（含有大于 2 mm 的粗砂），粒度分析时须分为两部分操作。一般粒径大于 1 mm 的用筛分法，粒径小于 1 mm 的用激光法。同时，由于激光粒度仪测量的遮光度要求为 10% ～ 20%，因此，配制的浑液浓度必须满足该条件。表 4 - 4 - 1 是常用的一些粒径样品的实测质量浓度值。

表 4 - 4 - 1　粒径样品的质量浓度区间

样　　品	0.063 mm 模型沙	0.125 mm 模型沙	0.15 mm 模型沙	花岗岩粉尘	底泥 A	底泥 B	底泥 C
平均粒径 /μm	82.242	126.413	141.880	172.413	26.402	84.601	30.703
10% 遮光度 /(mg·L^{-1})	120.00	209.23	104.48	96.97	70.79	81.61	78.26
20% 遮光度 /(mg·L^{-1})	448.44	369.70	520.00	164.06	151.85	161.36	165.33

注：此处底泥为举例，A、B 和 C 分别对应平均粒径较小的底泥样品。

4.4.2　实验部分

1. 实验目的

通过实验练习，了解激光粒度仪的工作原理，熟练掌握激光粒度仪的粒径测量方法。

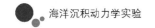

2. 操作分组和工作量

两人一组，完成5个样品的测量。

3. 材料与仪器

（1）洁净的100 mL烧杯5个（每个样品1个）、柔软小刷子1把、扁嘴无齿镊子1支、洗瓶1个、圆头搅拌玻璃棒5支、不锈钢小勺子5个。

（2）电炉、石棉垫1套，通风橱，200 mL注射器1支。

（3）马尔文激光粒度仪1台、30%体积分数的盐酸和过氧化氢若干、0.5 mol/L的六偏磷酸钠若干（简便制作方法：用51 g六偏磷酸钠溶解成1000 mL溶液，样品量少的时候可以用10.2 g溶解成200 mL溶液）。

4. 实验前处理

本实验进行前须进行样品的准备，将样品分为沉积泥样品和水样品两类。

1）沉积泥样品分析

观察采集的泥样，若含有粗砂成分（粒径大于2 mm），则结合激光粒度仪与筛分法进行粒径分析；若底泥粒径较细（粒径小于2 mm），则直接使用激光粒度仪分析。

（1）取适量样品[（175±3）mg]，铺满烧杯底部，记录每个站点对应的烧杯号，置入105 ℃烘箱烘干4 h。

（2）取出冷却至室温，加入盐酸至浸没泥样，以去除贝壳，搅拌至不再产生气泡，再加入适量纯净水稀释浸泡6 h。用注射器抽去上层清液，加入纯净水，搅拌均匀，静置5 h，抽去上层清液以清洗盐酸，重复2～3遍。该步操作必须在通风橱里进行。

（3）加入过氧化氢至浸没泥样，以去除有机物，搅拌均匀，置于电炉石棉垫上加热至不再冒泡为止，继续在室温下浸泡12 h，抽去上层清液以洗去过氧化氢；加入纯净水，搅拌均匀，静置5 h，抽去上层清液以洗去过氧化氢，重复2～3遍。该步操作必须在通风橱里进行。

（4）加入0.5 mol/L的六偏磷酸钠，浸泡2～3 h，抽去上层清液。加入纯净水，静置5 h，抽去上层清液以洗去六偏磷酸钠，重复2～3遍。

（5）洗净所有加入的试剂后，直接将浓度调整为既能充分混合均匀又易取样的黏糊状浆体，准备上机。

（6）打开激光粒度仪，进行背景测量，在提示添加样品的时候，将配制好的黏糊状浆体用小勺逐渐加入，同时观察软件上显示的遮光度，控制在10%～20%之间。

（7）样品分量以全部使用时刚好满足遮光度的要求为最佳。

2）水样品分析

部分内河水样品较清，特别是近海水体，无法满足测量的遮光度要求，而现场采集水样运输回实验室，会滋生微生物，同时增加大量的人力物力。因此，推荐在现场使用滤膜（直径 5～10 cm）进行抽滤，获取残留的悬浮物，把残留物带回实验室进行洗膜，重新制作成浑液。抽滤水样的体积依水体的浑浊度而定。如水体的悬沙浓度较大，抽滤较慢，可以启用第 2 张和第 3 张滤膜，目的是积累足够的悬浮物。现场抽滤法的操作可参考《现场抽滤法在悬浮物浊度分析中的优势探讨》一文。

室内制作浑液的方法和步骤如下。

（1）洗膜：往烧杯里注入 100 mL 纯净水，用镊子取出滤膜，浸泡大约 5 min。用软刷清洗滤膜表面的残留物，待滤膜无附着物后，在烧杯内用洗瓶冲洗滤膜、镊子、软刷。如果有多张滤膜，则重复操作即可。

（2）往冲洗出来的残留物浑液里加入 50 mL 盐酸，用玻璃棒搅拌，浸泡 6 h，用注射器抽去上层清液，加入纯净水，静置 5 h，抽去上层清液以清洗盐酸，重复 2～3 遍。该步操作必须在通风橱里进行。

（3）加入 50 mL 的过氧化氢，用玻璃棒搅拌，浸泡 6 h，用注射器抽去上层清液，加入纯净水，静置 5 h，抽去上层清液以清洗过氧化氢，重复 2～3 遍。该步操作必须在通风橱里进行。

（4）加入 0.5 mol/L 的六偏磷酸钠，覆盖样品顶部，浸泡 2～3 h，除去上层清液，加水，静置 5 h，抽去上层清液以洗去六偏磷酸钠，重复 2～3 遍。

（5）打开激光粒度仪，进行背景检测，在提示添加样品的时候，将配制好的黏糊状浆体用小勺子逐渐加入，同时观察软件上显示的遮光度，控制在 10%～20%。

（6）样品分量以全部使用时刚好满足遮光度的要求为最佳。

5. 实验步骤

（1）先开仪器主机和湿法进样器。

（2）打开软件：在桌面上双击测量操作软件进入，输入操作者姓名，然后按鼠标左键点击"确定"，开机预热 30 min 以后才能进行测量样品。

（3）在"文件 File"那里点击打开已有的文件或新建一个文件，确保测量记录存放在你所需要的文件名下。

（4）单击"测量 Measure"菜单中的"手动 Manual"按钮，进入测量窗口，仪器已经设置好，无特殊情况可不需要重新设置。

（5）点击"附件"，打开进样器控制界面，点击"注入"，等待注入完成后，调整泵速，搅拌。

（6）注入清水（过滤纯净水），清洗 3 次，清空，关闭排水阀。

（7）点击"对光 Align"，对好光后，如果"背景 Background"状态正常（即 Detector Number 那边的信号基本成左边高右边低的态势），就不需要清空和进行仪器清洗了。如换了几次水以后，背景还是不正常，就需要打开样品检测池窗口，检查并清洁检测池。

（8）前期处理的样品，使用 1 mm 筛子进行过筛，将过筛后所得的浑液（仅含粒径 1 mm 以下的泥沙颗粒）运用马尔文激光粒度仪分析。

（9）当仪器完成背景测量并提示"加入样品 Add Sample"后，开始加入样品，打开超声器、搅拌器和流通泵，逐步添加待测样品，使"遮光度 Laser Obscuration"达到 10%～20% 的可测范围，等待样品分散 10 s，单击"开始 Start"或按"测量样品 Measure Sample"进行测量。每次测量结果会按照记录编号顺序自动存在文件里。

（10）测量结束后，点击附件控制界面的"清洁"，等待进样器进行自动清洗，清洗结束后可以接着测试下一个样品。

（11）所有样品测量完成后，点击"清洗"并注满清水。

（12）关闭软件、粒度仪主机电源和湿法进样器。

6. 注意事项

（1）每个样品测量之前均需清洗 3 次湿法进样器、管道和检测池，如发现背景激光强度对应数值小于 75，则需要重新对光。对光失败一般是由于空气潮湿起雾，镜片上可能附着水珠。实验室内的湿度较高时，打开实验室空调，抽湿一段时间后再检测，一般能排除该问题。

（2）为避免检测池和流通管道内存在气泡，须注满水待液体传感器显示绿色后才能打开流通泵和搅拌器。

（3）为避免损害机器，在进样池未注水前请勿开超声器。

（4）确认背景数据正常，即信号呈现从左到右逐步递减的状态。如果信号呈现单峰或者其他的分布形态，则推测检测池镜片上有附着物，需要清洗。

（5）为了更好地保护激光检测池，全部实验完成后必须清洗 3 次，并为进样器注满清水。

（6）频繁开机对激光发射管及整个激光装置的寿命均有较大的影响。因此，如第二天需继续进行实验，在本次实验完毕后，按照操作顺序关闭电脑和湿法进样器电源，而保留粒度仪主机电源处于开启状态。

4.4.3　探索与思考

（1）探索激光粒度仪所测数据的可信度。

（2）因测量所需的样品量很小，如何解决样品的代表性问题？

（3）请查阅相关资料并结合激光粒径分析的原理，探讨不同成分的颗粒样品所测浓度区间差异的原因。

实验五　滤膜恒重方法

该实验旨在了解滤膜（混合膜）的物理特性和化学特性。本教材后续几个实验均需使用滤膜进行抽滤操作，因此，有必要掌握滤膜恒重技巧。由于滤膜恒重过程等待时间比较长，建议从第一次实验课开始，就利用各个实验完成后的课后时间进行该实验的部分内容。

4.5.1　预习部分

查阅相关资料，了解滤膜的物理特性和化学特性。

4.5.2　实验部分

1. 实验目的

通过实验了解滤膜失重、恒重的概念和意义。

2. 操作分组和工作量

完成 20 张滤膜恒重实验，并利用恒重的滤膜进行后续抽滤实验。

3. 材料与仪器

（1）抽滤装置 1 套（G3 滤芯、扁嘴无齿镊子 1 支、裁纸刀 1 把）、500 mL 量筒 1 个、250 mL 量筒 1 个、直径 5 cm 的滤膜 20 张、乳胶手套 1 副、棉手套 1 副、洗瓶 1 个、2B 铅笔 1 支、记录纸 1 份、引流玻璃棒 1 支、优质细油性笔 1 支、中号搪瓷托盘 1 个、6 cm 培养皿 20 个、150 mL 烧杯 20 个。

（2）电子天平、烘干箱、干燥皿（干燥剂）、纯净水。

4. 实验条件

（1）浸泡条件：烧杯里注满纯净水，滤膜置于烧杯内浸泡，缓慢搅拌 2 min（搅拌时注意不要划伤滤膜），浸泡 12 h。

（2）烘膜条件：烘膜温度 103～105 ℃，烘膜 30 min，移入干燥皿中冷却至室温（大约 30 min）。

5. 实验前准备

（1）所有需要用到的烧杯、量筒和培养皿清洗干净，放进 105 ℃烘干箱里烘干

（大约 30 min），移入干燥皿内自然冷却至室温。

（2）滤膜置入烘干箱内烘干 30 min，并置入干燥皿中冷却至室温，待用。

（3）实验开始前，打开天平（提前 1 h 预热），干燥箱（105 ℃）设置好预热条件，进入工作状态。

6. 实验步骤

实验步骤如图 4 - 5 - 1 所示。具体如下。

（1）将 150 mL 烧杯、培养皿用油性笔进行编号（组号 + 序号，以免组间组内混淆），原先残留字迹可以用酒精擦洗。

（2）安装抽滤装置，并检查是否漏液：①抽滤时夹子着力点应在滤芯直径，偏离则易导致漏液；②样品抽滤前要先用纯净水试验，确认不会漏液。

（3）取烘干冷却后的原滤膜 20 张，置入已编号的培养皿中。

（4）对每张滤膜进行称重，滤膜称重时不需要使用任何盛装杯，用扁嘴无齿镊子小心夹住滤膜并放置在天平托盘的中心点上，读数，并在表 4 - 5 - 1 中记录原滤

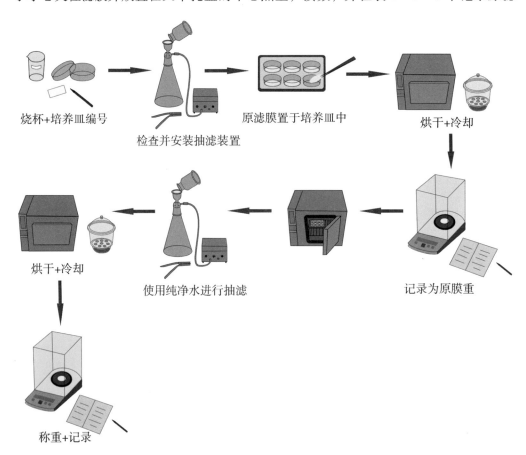

| 烧杯+培养皿编号 | | 原滤膜置于培养皿中 | 烘干+冷却 |
| 检查并安装抽滤装置 | | | |

烘干+冷却   使用纯净水进行抽滤   记录为原膜重

称重+记录

图 4 - 5 - 1　滤膜恒重实验步骤示意

膜重。

（5）每张滤膜移入对应的 150 mL 烧杯内，在"4. 实验条件"的"（1）浸泡条件"下浸泡（可在第 2 次课程再进行后续的实验）。

（6）使用抽滤装置抽滤 3 次 150 mL 纯净水，并用镊子取 20 张滤膜分别置入 20 个编好号的培养皿中（无须顶盖），放置时让滤膜的一半斜跨在玻璃皿的垂直边缘上，以保证烘干后不会黏底。然后把 20 个培养皿全部放入托盘里。

（7）按照"4. 实验条件"的"（2）烘膜条件"操作（其中烘干时间延长至 1 h）后称重记录，作为第一次浸泡后滤膜重。

（8）对比本次和前一次的质量，如果前后两次质量变化在 0 ～ 0.2 mg 之间，则表示已经达到恒重；否则，还需要重复步骤（5）～（8）进行第 2 次、第 3 次乃至第 4 次的恒重。

7. 注意事项

（1）滤膜浸泡后用镊子取出时要轻轻甩干，避免膜上黏附过多水分。

（2）为了预防滤膜黏在培养皿底部，移入培养皿的时候，采用半斜跨在培养皿垂直壁上的姿态。

（3）烘干托盘只能放在箱内部的铁架格子上，底部通风孔铁板上不能放置物品，以免被高温烧糊。

（4）组装、拆卸玻璃仪器时，要防止折断或破裂。如集液瓶与玻璃砂芯太紧难以拆分，切勿使用蛮力，可用小木板沿着砂芯底部玻璃边缘由下向上轻轻均匀敲击四周，使其分开。

4.5.3 数据记录

实验数据记录于表 4 – 5 – 1。

4.5.4 探索与思考

（1）思考滤膜恒重的操作重点和意义。

（2）针对 20 张膜的恒重结果，分析误差产生的原因及恒重的条件。

（3）偶尔会发生抽滤后的滤膜比原膜还重的现象，可能的原因为：

a. 滤膜未完全烘干。

b. 空气湿度未达到恒温恒湿条件。

c. 操作上存在偏差。

d. 不同的天平称量导致结果不同（可以用一张恒重的滤纸在不同天平上称量比较）。

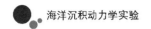

表4 – 5 – 1 滤膜恒重实验记录表

组员：_____ 日期：_____

次序	皿号	原滤膜重 m_0/g	第一次浸泡后抽滤烘干质量 m_1/g	质量差 $(m_1 - m_0)/\mathrm{g}$	第二次浸泡后抽滤烘干质量 m_2/g	质量差 $(m_2 - m_1)/\mathrm{g}$
1						
2						
3						
4						
5						
6						
7						
8						
9						
10						
11						
12						
13						
14						
15						
16						
17						
18						
19						
20						

实验六　真空抽滤与自然过滤对比

本实验同时使用真空抽滤与自然过滤进行样品的同步实验对比。但因操作步骤和器材使用比较烦琐，操作过程容易出错，故实际课程中可根据需要安排成两个独立的实验。

4.6.1　预习部分

（1）了解 GB/T 50159—2015《河流悬移质泥沙测验规范》中关于悬沙含量测定方法的章节。

（2）了解泥沙与河流动力学相关的理论知识。

（3）查阅相关期刊论文，了解这两种测量方法的利弊。

4.6.2　实验部分

1. 实验目的

（1）了解抽滤、自然过滤在操作上的差别。

（2）对比两种实验方法所得数据在精度和误差上的差异。

2. 操作分组和工作量

两人一组操作，每组完成 8 个样品的对比。

3. 材料与仪器

（1）"实验五　滤膜恒重方法"所用到的器材。

（2）已经恒重的 8 张滤膜。

（3）自然过滤装置 2 套（每套含漏斗架 1 个、漏斗 2 个、引流棒 1 支）。

（4）250 mL 玻璃烧杯 13 个、500 mL 烧杯 2 个、50 mL 坩埚 6 个、15 cm 滤纸 8 张、石棉垫 1 块。

（5）马弗炉 1 台、电磁炉 1 台、电炉 1 台（放置在通风橱里）、坩埚钳 1 把、注射取样器 1 把（带胶管）、RBR OBS 浊度仪 1 台、20 L 大水桶 1 个、搅拌机 1 台。

4. 实验条件

（1）浸泡条件：烧杯里注满纯净水，滤膜置于烧杯内浸泡，缓慢搅拌 2 min（搅

拌时注意不要划伤滤膜），浸泡 12 h。

（2）烘膜条件：烘膜温度 103～105 ℃，烘膜 30 min，干燥皿中冷却至室温（大概 30 min）。

5. 实验前准备

（1）提前 1 天将所有需要用到的烧杯、量筒、培养皿和坩埚清洗干净，放进 105 ℃烘干箱里烘干（大约 30 min），移入干燥皿中自然冷却至室温。

（2）每组准备 15 cm 滤纸 8 张，在烘干条件下烘干 1 h，冷却待用。

（3）准备水样品材料。用 20 L 大水桶浸泡采集的底沙（泥）：

a. 用 1000 mL 的烧杯 2 个，各自盛装大约 500 g 的沉积泥样，挑选掉粗大的贝壳、有机物和云母等非沙物质。置入 105 ℃烘干箱烘干 4 h，取出冷却至室温。

b. 加入盐酸至浸没泥样，以去除贝壳，搅拌至不再产生气泡，再加入适量纯净水稀释浸泡 6 h。用注射器抽去上层清液，加入纯净水搅拌，静置 5 h，抽去上层清液以清洗盐酸，重复 2～3 遍。该步操作必须在抽风橱里进行。

c. 加入过氧化氢至浸没泥样，以去除有机物，搅拌均匀，置于电炉石棉垫上加热至不再冒泡为止，继续在室温下浸泡 12 h，抽去上层清液以洗去过氧化氢；加入纯净水搅拌，静置 5 h，抽去上层清液以洗去过氧化氢，重复 2～3 遍。该步操作必须在抽风橱里进行。

d. 加入 0.5 mol/L 的六偏磷酸钠溶液，搅拌均匀，浸泡 5 h 使样品充分分散。倒掉表面清液，加纯净水搅拌静置，抽掉表层清液，重复 2～3 遍，等待课程中取用。

6. 实验过程采样

（1）戴上干净的乳胶手套，取坩埚放至天平上称重并用铅笔在坩埚外壁上编号（组号＋序号），记录坩埚编号、不含盖的坩埚重。对盛液的 250 mL 烧杯编号（组号＋序号），50 mL 小烧杯也进行编号（组号＋序号），分别记录到表 4－6－1、表 4－6－2对应的表格里。

（2）水样配制：在 20 L 水桶里装满纯净水，水面最高位置距顶 5～8 cm。在水桶上方架设搅拌器，调节搅拌速度，保证水体的表面没有气泡、漩涡形成。固定在线式浊度仪，添加配制的底泥浑液，使得浊度值大致在 10，30，60，80，120，150，180，200 NTU 等需要的数值附近。

（3）在浊度仪能稳定读取到所需数值时（在表 4－6－1、表 4－6－2 的"浊度值"栏里记录数据），在距离浊度仪传感器的正前方大概 10 cm 的位置用注射器抽取水样。

（4）将抽取的水样置入 250 mL 量筒内，准确称量体积（在表 4－6－1、表 4－6－2 的"样品体积"一栏记录数据），倒入干净的 250 mL 盛液烧杯里，用纯净水对量筒润洗 3 次后一并倒入 250 mL 盛液烧杯。每个浓度值都抽取 2 份，分别倒入对应的 250 mL 盛液烧杯里，作为水样品准备实验用。

7. 滤膜抽滤实验步骤

实验步骤如图 4-6-1（a）所示。具体如下。

（1）实验开始前，打开天平（提前 1 h 预热），干燥箱设置为 105 ℃并开启加热。

（2）安装抽滤装置，用纯净水检查是否漏液。

（3）选择滤膜，将该滤膜对应的恒重质量记录到表 4-6-1 中，并使用扁嘴无齿镊子取膜，在纯净水里湿润后平整覆盖在抽滤头上，盖好抽滤瓶，夹好夹子，启动抽滤泵。每次安装好滤膜后都要用纯净水试验，确认不存在漏液现象。

（4）使用玻璃棒，将"6. 实验过程采样"中（4）的浑液缓慢注入抽滤瓶中，并使用纯净水润洗量器 2～3 次，将清洗液一并注入抽滤瓶里。其间注意观察水量不要超过抽滤瓶的 250 mL 线（样品的浊度值记录到表 4-6-1"浊度值"一栏），同时，记录抽滤起止时间和耗时。

（5）待抽滤瓶里的水全部抽干后，用约 10 mL 纯净水（洗瓶里的纯净水）连续清洗瓶壁 3 次，目的是把过滤下来的残留物里的盐分、分散剂等冲洗干净。

（6）垂直轻轻拔起抽滤瓶，使用扁平镊子取膜（若吸附太紧，可用裁纸刀从边缘轻轻切入后用镊子提起），放入对应的培养皿底盘中（斜跨着玻璃壁），移入托盘。

（7）将托盘移入烘干箱里，按照上述烘膜条件（烘干时间加长至 1 h）进行烘干。

（8）打开烘干箱，取出托盘，待自然冷却后，戴上干净的乳胶手套，将培养皿置入干燥皿，冷却 30 min。

（9）双手戴干净的乳胶手套，从干燥皿里逐个取出培养皿，用扁平镊子将带残留物质的滤膜移入天平托盘进行称重。将所得质量记录在"样品毛重"一栏中。

8. 自然过滤实验步骤

实验步骤如图 4-6-1（b）所示。具体如下。

（1）实验开始前，打开天平（提前 1 h 预热）、干燥箱、马弗炉（温度设置为600 ℃），设置好预热条件，进入工作状态。

（2）已清洗干燥的坩埚编号称重并记录。

（3）将电炉放置于通风橱中，每台炉上放置一块石棉垫。

（4）放置漏斗架，安置漏斗，底部摆放 500 mL 的烧杯，用以接液。

（5）拿一张滤纸，折叠成 4 等分，如果偏小，可以进行不对称式折叠后放进漏斗。用纯净水淋洗，让滤纸贴在漏斗壁上。

（6）将盛液烧杯摆放在漏斗架对应的漏斗前作为标识，以免混淆。

（7）引流的玻璃棒倾斜接触到滤纸较厚的一边，盛液烧杯嘴靠在引流棒上，缓慢注入"6. 实验过程采样"中（4）的浑液。其间注意观察漏斗里的液面不应超过漏斗 2/3 的位置。

（8）待水样全部倒入漏斗后，使用纯净水冲洗盛液烧杯 1～2 次，一并倒入漏斗

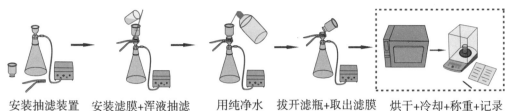

安装抽滤装置　安装滤膜+浑液抽滤　用纯净水　拔开滤瓶+取出滤膜　烘干+冷却+称重+记录
　　　　　　　　　　　　　　　　清洗杯壁

（a）抽滤

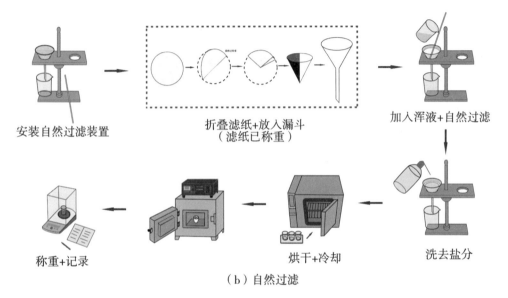

安装自然过滤装置　　　　折叠滤纸+放入漏斗　　　　　加入浑液+自然过滤
　　　　　　　　　　　　（滤纸已称重）

称重+记录　　　　烘干+冷却　　　　洗去盐分

（b）自然过滤

图4-6-1　抽滤和自然过滤实验步骤示意

里过滤。

（9）待漏斗水全部过滤完后，用纯净水冲洗漏斗壁上的滤纸的周围3～4次，把残留的盐分全部冲洗干净。

（10）从漏斗里取出含泥沙样品的滤纸，放入50 mL的小烧杯里，并摆放在托盘里。

（11）将托盘放入干燥箱里干燥30～40 min，烘干（实验课堂上用电磁炉代替，烤干至看不到水为止）。

（12）取出托盘，将小烧杯里的滤纸移入对应编号的坩埚。坩埚移到电炉的石棉垫上焚烧，直到滤纸炭化不继续冒烟为止。

（13）用坩埚钳将坩埚移到600 ℃马弗炉里焚烧，40～50 min后取出并移入干燥皿内，冷却干燥30 min。

（14）取出坩埚，用电子天平称重，将所得质量记录在表4-6-2中。

9. 注意要点

（1）安装抽滤装置，并检查是否漏液：①抽滤时夹子用力点应在直径中心，偏

离中心会出现漏液现象；②样品抽滤前要先用纯净水试验，确认不会漏液。在抽滤装置附近摆放装满纯净水的 250 mL 烧杯，用于湿润滤膜。

（2）本方案中过滤法采用的是自然过滤焚烧法，也可采用纯过滤法。后者不进行焚烧，但需要提前对滤纸进行烘干、称重，过滤后将其置于蒸发皿中，放入烘干箱内烘干，最后扣除滤纸净重，即可得到泥沙质量。

（3）滤纸的折叠原则是"一贴二低三靠"。"一贴"：滤纸紧贴漏斗的内壁。"二低"：过滤时滤纸的边缘应低于漏斗的边缘，漏斗内液体的液面应低于滤纸的边缘。"三靠"：倾倒液体的烧杯嘴紧靠引流的玻璃棒，玻璃棒的末端轻轻靠在三层滤纸的一边，漏斗的下端紧靠接收的烧杯。

（4）每抽滤完一个样品都要留意观察废液瓶里的液面不要漫过抽滤嘴。如估算下次抽滤时可能会漫出抽滤嘴，则需提前倒掉废液（1000 mL 废液瓶，大致可以抽 5 ～ 6 个样品）。倒废液时必须先拔出胶管的接头，让内外压力平衡，然后拔出滤芯，倒掉废液。

（5）抽滤实验所需要的容量，一般保证抽滤所得残留物质为 10 ～ 50 mg。推荐过滤 100 ～ 200 mL 浑水，水体太清则需要适当增加抽滤容量。一般浊度值小于 150 NTU，取 150 mL 水样品；浊度值大于 150 NTU，则取 100 mL 水样品。

4.6.3 数据记录

实验数据记录于表 4 – 6 – 1 和表 4 – 6 – 2。

表 4 – 6 – 1　抽滤实验记录表

取样地点：＿＿＿＿＿＿　取样日期：＿＿＿＿＿＿　分析日期：＿＿＿＿＿＿

组员：＿＿＿＿＿＿＿＿＿＿＿＿＿＿＿＿＿＿＿＿＿＿＿＿＿＿＿＿＿

烧杯编号	样品号	浊度值/NTU	培养皿编号	滤膜重/g	样品体积/mL	样品毛重/g	样品净重/g	样品质量浓度/（mg·L^{-1}）
1								
2								
3								
4								
5								
6								
7								
8								

海洋沉积动力学实验

表 4 - 6 - 2　自然过滤实验记录表

取样地点：_____　取样日期：_____　分析日期：_____

组员：_____

烧杯编号	样品号	浊度值/NTU	50 mL 烧杯重/g	50 mL 烧杯+滤纸毛重/g	样品体积/mL	样品毛重/g	样品净重/g	样品质量浓度/（mg·L⁻¹）
1								
2								
3								
4								
5								
6								
7								
8								

4.6.4　探索与思考

（1）对比两种测量方法所得数据的差异。

（2）整合所有组的实验数据，分析、讨论差异产生的原因。

（3）分析实验数据误差的来源。

（4）讨论两种实验分析方法的优劣。

实验七　泥质沉积物沉析法

　　该实验旨在引导学生了解和认识泥沙沉降理论，同时掌握筛分法无法测量的部分细颗粒泥沙的粒径分析方法。沉析法作为传统观测手段，目前仍被广泛使用。在实验的等待时间，可按"实验五　滤膜恒重方法"同步完成20张滤膜的恒重实验，但跳过原膜称重部分，直接进入第一次浸泡环节，为"实验九　悬沙浓度的测量与标定"做准备。

4.7.1　预习部分

　　（1）了解GB/T 12763.8—2007《海洋调查规范　第8部分　海洋地质地球物理调查》沉析法部分。
　　（2）查阅论文和资料，了解沉析法的数据分析方法，以及黏土有机质、絮凝问题的处理方法。

4.7.2　实验部分

1. 实验目的

通过实验了解沉析法测量原理，并掌握操作流程。

2. 操作分组和工作量

两人一组，完成1个样品的操作。

3. 材料与仪器

　　（1）沉降筒（1000 mL或2000 mL量筒）1个、吸耳球1个、手动搅拌器1个、秒表1只、25 mL移液管1支。
　　（2）抽滤装置2套（抽滤机、抽滤瓶、裁纸刀、扁嘴无齿镊子）、带胶头的玻璃棒1支、洗瓶1个、50 mL量筒1支、50 mL小烧杯（盛液杯）9个、小托盘1个、250 mL洗沙玻璃杯1个、500 mL纯净水烧杯1个、温度计1支、6 cm培养皿7个、进口油性笔、记录纸和铅笔若干。
　　（3）天平、烘干箱、干燥皿、纯净水、30%体积分数的盐酸和过氧化氢若干。

4. 实验条件

　　（1）浸泡条件：在烧杯里注满纯净水，将滤膜置入烧杯内浸泡，缓慢搅拌2 min

71

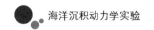

（搅拌时注意不要划伤滤膜），浸泡 12 h。

（2）烘膜条件：烘膜温度 103～105 ℃，烘膜 30 min，移入干燥皿冷却至室温（大概 30 min）。

5. 实验前准备

（1）提前 1 天将所有需要用到的量筒、培养皿、50 mL 小烧杯清洗干净，放进 105 ℃烘干箱里烘干（大约 30 min），移入干燥皿中自然冷却至室温。

（2）对滤膜进行恒重处理（同实验五）。

（3）按四分法，准备若干份样品（按表 4 - 3 - 1 估算各个样品的质量，可保证样品具有较好的代表性，从而得到较为精确的固有粒度配比），将样品移入 150 mL 烧杯内，做好标记，并全部放置托盘里。

（4）加入盐酸至浸没泥样，以去除贝壳，搅拌至不再产生气泡，再加入适量纯净水稀释浸泡 6 h。用注射器抽去上层清液，加入纯净水搅拌，静置 5 h，抽去上层清液以清洗盐酸，重复 2～3 遍。该步操作必须在通风橱里进行。

（5）加入过氧化氢至浸没泥样，以去除有机物，搅拌均匀，置于电炉石棉垫上加热至不再冒泡为止，继续在室温下浸泡 12 h，抽去上层清液以洗去过氧化氢；加入纯净水搅拌，静置 5 h，抽去上层清液以洗去过氧化氢，重复 2～3 遍。该步操作必须在通风橱里进行。

（6）加入 0.5 mol/L 的六偏磷酸钠溶液，搅拌均匀，浸泡 5 h 使样品充分分散。倒掉表面清液，加纯净水搅拌静置，抽掉表层清液，重复 2～3 遍，等待课程取用。

6. 实验步骤

实验步骤如图 4 - 7 - 1 所示。具体如下。

（1）选取培养皿，进行编号，并选取 9 个 50 mL 小烧杯。

（2）将"5. 实验前准备"中的滤膜称重，结果记录到表 4 - 7 - 1 里。

（3）根据附录 2 时间表的深度数据，用油性笔在移液管的各个深度位置做标记。

（4）通过注射器，用纯净水反向高压清洗滤芯 2～3 次。

（5）将孔径为 0.063 mm 的小筛（直径 10 cm）架在 1000 mL 烧杯杯口上（如果杯口偏大，选取 800 mL 烧杯），作为洗沙工具。

（6）将浸泡过的"5. 实验前准备"中（6）的样品倒入洗沙工具中，用纯净水反复搅拌冲洗，将小于 0.063 mm 的颗粒充分洗入量筒中（注意总液容量不要超过量筒最大刻度）。

（7）把量筒内的浑液用纯净水稀释至量筒的最大刻度线。

（8）在 500 mL 烧杯中装入纯净水，用于清洗移液管。

（9）在吸液前读取悬液温度：另置一量筒于悬液量筒附近，内盛纯净水，温度计置于量筒中部的水中，一般读取一次有代表性的温度即可。若吸液超过 2 h，最好测 2～3 次温度，一次在搅拌后，一次在吸液前，一次在二者之间。取 3 个温度值的

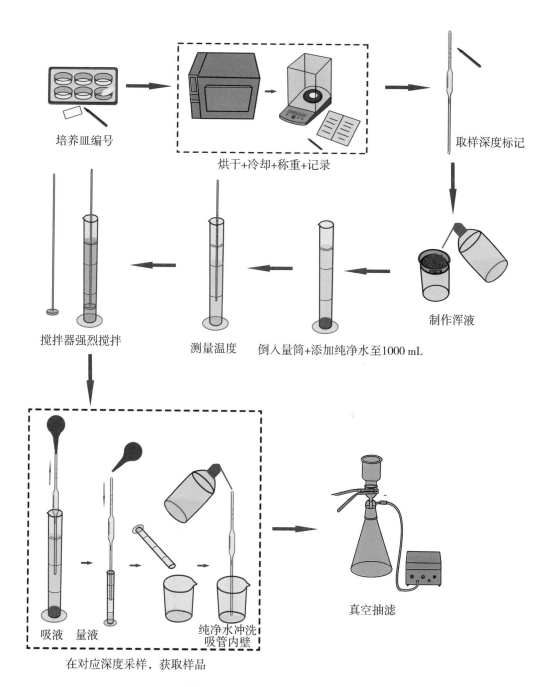

培养皿编号

烘干+冷却+称重+记录

取样深度标记

制作浑液

搅拌器强烈搅拌

测量温度

倒入量筒+添加纯净水至1000 mL

吸液　量液　　　　　　纯净水冲洗
　　　　　　　　　　　吸管内壁

真空抽滤

在对应深度采样，获取样品

图 4 - 7 - 1　沉析法实验步骤示意

平均值作为悬液的温度，查附录 2 可知悬液提取的时间。

（10）使用搅拌器在沉降筒中上下强烈搅拌 10 s，然后匀速搅拌 1 min（往复大约 30 次）。搅拌的具体要求为：向下触及筒底，向上不离水面。在最后 1 s 内轻轻提出搅拌器，沉降时间由此起算。

（11）停止搅拌后，立即在液面下中部吸取均匀的代表样一次，使用量筒测量体积后倒入盛液杯，并用少量纯净水冲洗吸管内壁，使用抽滤法测算沙量（烘膜条件下烘干称重法），换算出样品的总干样重 G。

（12）吸液前 15 s 将吸管轻轻置于悬液的特定深度，当吸液时间到达，应在 15 s 内匀速准确地吸取对应深度的悬液。

（13）将吸取的悬液置入量筒，测量体积后倒入盛液杯，并用少量纯净水冲洗吸管内壁，一并注入盛沙杯里。

（14）抽滤（还需要冲洗 3 次分散剂）、烘干、称量：用滤膜抽滤（方法见实验六）后，移入烘干箱，滤膜在烘膜条件下烘干，然后在感量为 0.0001 g 的天平上称重。

7. 注意事项

（1）洗沙时为免伤害筛网，不能直接用玻璃棒搅拌，必须在玻璃棒顶端套一截胶管，搅拌着力点是软胶，轻柔均匀用力。

（2）样品实验前应使用清水模拟整个操作，熟悉操作动作要领，特别是搅拌和吸液动作。

（3）吸样量应该准确，吸多了不倒回，吸少了不再吸，按实际的吸样体积计算沙重。

（4）吸样前，需要提前将吸管和皮管内的空气排除，切不可在量筒内排气。

（5）吸管应垂直缓慢自量筒中央插入和取出，吸样历时为 15 s，并将其等分在规定时间的前后，吸速均匀，深度和时间应该掌握准确。

（6）每次吸样后，放进量筒准确量取体积后才置入盛液杯里，并用少量纯净水冲洗吸管内壁，清洗液一并注入盛液杯里。

（7）对悬液进行充分搅拌：搅拌时上下要用力均匀，搅拌器要尽可能触及筒底，并不离开液面。在最后几秒更要细心操作，务必使悬液分散均匀，保证吸液质量。

（8）残留在管（吸管）尖内壁处的少量溶液，不可用外力强使其流出，因校准移液管或吸量管时，已考虑了尖端内壁处保留的溶液的体积。对于管身上标有"吹"字的移液管或吸管，余液应用吸耳球吹出，否则余液应予保留。

（9）沉降筒放置的位置视操作者身高确定，以方便操作为宜，太高或太低均容易造成操作失误。

4.7.3 数据记录与结果分析

1. 数据记录

实验数据记录于表 4 – 7 – 1。

样品采集：颗粒从液面下沉至约定深度后，在该处吸取同样容积的悬浮液，以此

表 4 –7 –1　移液管法记录表

取样地点：＿＿＿＿＿＿＿　　取样日期：＿＿＿＿＿＿＿　　　分析日期：＿＿＿＿＿＿＿

总干重 G：＿＿＿＿＿＿　　量筒体积：＿＿＿＿＿＿　　　分散剂质量：＿＿＿＿＿＿

组员：＿＿＿＿＿＿＿＿＿＿＿＿＿＿＿＿＿＿＿＿＿＿＿＿＿＿＿＿＿＿＿＿＿＿＿＿＿＿

粒径 /mm	吸样深度/cm	吸样容积/L	杯号	膜重 /g	总质量 /g	净沙重 /g	小于某粒径沙重累计百分数/%	校正后粒径沙重累计百分数/%	某粒径沙重百分数/%
均匀的代表样							—		—
0.063									
0.032									
0.016									
0.008									
0.004									
0.002									

注：当吸样容积非预定容积时，必须乘以容积改正系数。

代表小于规定粒径级的颗粒浓度。

（1）求总干样重 G：

$$G = \frac{V}{V_s} G_s - A$$

式中：V 为样品总体积；V_s 为吸取均样的体积；G_s 为匀样烘干后的沙重；A 是分散剂总质量。采用自然过滤存在分散剂的干扰，抽滤法则因经过多次冲洗，分散剂已经不存在了，所以公式里的 A 数值可忽略。

（2）求各级的质量分数（即分布频率）。该级筛下累积质量 G_i 的计算式为：

$$G_i = \frac{V}{V_{si}} G_{si} - A$$

该级质量分数 P_i 的计算式为：

$$P_i = \frac{G_i}{G} \times 100\%$$

式中：V_{si} 为吸取样的体积；G_{si} 为吸样烘干后的沙重，该数据需要逐层递减才能求得。

（3）求校正系数：

$$校正系数 = \frac{100}{\sum f}$$

式中：$\sum f$ 为各粒级实测频率之和，校正系数在 0.95 ～ 1.05 之间是允许的，超过则实验失败；按由粗至细的顺序逐级累加。以上计算，百分含量一律精确到小数点后一位。

$$校正后某粒径沙重百分数 = \frac{100}{\sum f} \times 小于某粒径沙重百分数$$

实验过程如果时间不足，放弃 0.002 mm 粒径组的实验。

2. 结果分析

（1）列表分析各粒径间沙粒的质量分数。

（2）绘制粒度级配图和分配曲线。

4.7.4 探索与思考

（1）实验数据的误差来源有哪些？分散剂是否会影响各粒径间沙粒的质量？

（2）根据统计结果，分析泥沙的沉积环境。

（3）本实验只分析了小于 0.063 mm 的颗粒粒径分布，如果要完成从 0.002 ～ 2 mm 的全部粒径频率统计分析，应该如何操作？请给出数据统计的方法步骤。方法步骤需包含用盐酸、过氧化氢处理后的总干样品质量作为计算基数。

实验八　泥沙密度的测定

　　泥沙密度是泥沙的重要物理特性之一，是计算泥沙沉降速率、泥沙临界起动切应力、泥沙输运率等不可或缺的参数。

4.8.1　预习部分

　　（1）了解 GB/T 50159—2015《河流悬移质泥沙测验规范》泥沙密度测定部分。
　　（2）查阅相关资料，了解泥沙密度和干容量对泥沙起动、沉降、堆积等的影响。

4.8.2　实验部分

1. 实验目的

掌握测量泥沙密度的方法和技巧。

2. 操作分组和工作量

完成 3 个样品的实验。

3. 材料与仪器

　　（1）50 mL 或 100 mL 比重瓶 1 个、100 mL 烧杯 1 个、100 mL 注射器 1 支。
　　（2）砂浴锅、电子天平、烘干箱、干燥皿（干燥剂）、纯净水。

4. 实验前准备

　　（1）提前 1 天，将 1 L 纯净水煮沸并倒入干净烧杯内。课程前，将水样品沉淀 24 h，同一样品需准备 3 份，以进行平行测定。
　　（2）清洗所需比重瓶、烧杯；洗净后，放进烘干箱里烘干（大约 30 min），移入干燥皿中自然冷却至室温。
　　（3）实验开始前，打开天平（提前 1 h 预热），干燥箱（105 ℃）设置好预热条件，进入工作状态。

5. 实验步骤

　　（1）称量烧杯质量，记录到表 4-8-1"烧杯净重"处。
　　（2）沉淀后的水样品，用注射器细心地抽出全部清液，只保留浓缩后的浑液，

要求样品中含沙量 15～20 g。

（3）取洁净的比重瓶 1 个（须进行外观检验，确认无裂缝无变形）。

（4）用经煮沸并冷却至室温的纯净水缓慢注入装好样品的比重瓶，使水面达到适当高度，插上瓶塞，瓶内不得有气泡存在。然后用手指抹去塞顶水分，用毛巾擦干瓶身，称瓶加纯净水质量 m_w 后，拔去瓶塞，即时测定瓶内水温 T_1。

（5）倒去纯净水，用注射器将样品经过小漏斗冲洗入洁净的比重瓶内，瓶内浑液不宜超过容积的 2/3。

（6）将装好样品的比重瓶放在砂浴锅上（或在铁板上铺一层砂子，放在电炉上）煮沸，并不时转动比重瓶，经 15 min 后，冷却至室温。

（7）用经煮沸并冷却至室温的纯净水缓慢注入装好样品的比重瓶，使水面达到适当高度，插上瓶塞，瓶内不得有气泡存在。然后用手指抹去塞顶水分，用毛巾擦干瓶身，称瓶加浑水质量 m_{ws} 后，拔去瓶塞，即时测定瓶内水温 T_2（T_1 和 T_2 这两次水温尽量接近）。

（8）将称量后的浑水倒入已知质量的烧杯内，并用洗瓶润洗比重瓶 3 次，残液一并倒入烧杯内，烧杯放在砂浴锅上蒸至无流动水后，移入烘箱，在 100～105 ℃下烘 4～8 h，在干燥器内冷却至室温，称量记至 0.0001 g。由此称得的质量减去烧杯质量得出干沙质量 m_s。

（9）按附录 3 查出对应温度的纯净水密度 ρ_w。

（10）泥沙密度推导过程如下：

$$m = m_s + m_w - m_{ws}$$

$$V = \frac{m}{\rho_w} = \frac{m_s + m_w - m_{ws}}{\rho_w}$$

$$\rho_s = \frac{m_s}{V} = \frac{m_s \rho_w}{m_s + m_w - m_{ws}}$$

式中：m 为排开水的质量，g；V 为排开水的体积，mL；ρ_s 为泥沙密度，g/cm^3；ρ_w 为纯净水密度，g/cm^3；m_s 为干泥沙质量，g；m_{ws} 为瓶加浑水质量，g；m_w 为同温度下瓶加清水质量，g。

（11）进行平行测定，取其密度相差不大于 0.02 g/cm^3 的平均值作为密度测定成果。

6. 注意事项

（1）取放比重瓶时应握住瓶颈，不得用手触及瓶身。

（2）擦拭比重瓶时要轻、快和干净，切勿用力挤压比重瓶，以防瓶内水分溢出。

4.8.3 数据记录

实验数据记录于表 4－8－1。

表 4 −8 −1　泥沙密度测量记录表

取样点：_____　　取样日期：_____　　分析日期：_____

烧杯净重：_____　　组员：_____

样品编号	瓶+纯净水质量 m_w/g	纯净水水温 $T_1/℃$	瓶+浑水质量 m_{ws}/g	浑水水温 $T_2/℃$	烧杯+浑水质量/g	干沙质量 m_s/g	纯净水密度 $\rho_w/(g \cdot cm^{-3})$	泥沙密度 $\rho_s/(g \cdot cm^{-3})$

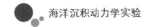

实验九　悬沙浓度的测量与标定

水体内悬移质，特别是泥沙，其浓度的观测是水文调查的常规项目，也是海洋、水利、环境、化学等学科研究必不可少的基础工作。一方面，悬浮泥沙浓度直接影响絮凝和沉降作用，对于水体的物质输运、河床冲淤演变等具有重要意义；另一方面，悬浮泥沙是水体中污染物迁移的主要载体，对水体中可吸附性污染物的时空分布和迁移转化存在显著影响，特别是当悬浮物浓度较高时，污染物再悬浮概率增大，较易引起水体的二次污染。

4.9.1　预习部分

（1）GB/T 50159—2015《河流悬移质泥沙测验规范》悬沙含量测定部分。
（2）掌握泥沙与河流动力学相关的理论知识。
（3）查阅悬沙浓度测定方法的相关论文。

4.9.2　实验部分

1. 实验目的

（1）通过实验了解和掌握悬沙浓度的测量方法。
（2）掌握 OBS 浊度测量和悬沙浓度的回归标定方法。
（3）对比过滤烘干和抽滤方法所得的实验结果，分析精度和误差上的区别。

2. 操作分组和工作量

两人一组，每组独立操作，完成 12～15 个样品。

3. 材料与仪器

（1）每组 18 张已经恒重的滤膜，6 cm 培养皿 18 个。
（2）抽滤装置 2 套（含抽滤机、抽滤瓶、裁纸刀、扁嘴无齿镊子）、引流玻璃棒 1 支、洗瓶 1 个、100 mL 与 200 mL 量筒各 1 支、中号搪瓷托盘 1 个、记录纸 1 份、铅笔 1 支、150 mL 烧杯 5 个、100 mL 烧杯 5 个和计时秒表 1 只。
（3）天平、烘干箱、干燥皿、纯净水、优质油性笔、30% 体积分数的盐酸和过氧化氢若干、铅笔若干、20 L 塑料水桶 1 个和搅拌机 1 台。

4. 实验前准备

（1）将量筒、5 个 100 mL 小烧杯和 5 个 150 mL 烧杯清洗干净，放进 105 ℃烘干箱里烘干（大约 30 min），移入干燥皿中自然冷却至室温。

（2）实验开始前，打开天平（提前 1 h 预热），干燥箱（105 ℃）设置好预热条件，进入工作状态。

（3）参考"实验六 真空抽滤与自然过滤对比"的"5. 实验前准备"中的（3），制作实验材料。

5. 实验条件

（1）浸泡条件：在烧杯里注满纯净水，将滤膜置入烧杯内浸泡，缓慢搅拌 2 min（搅拌时注意不要划伤滤膜），浸泡 12 h。

（2）烘膜条件：烘膜温度 103 ～ 105 ℃，烘膜 30 min，干燥皿冷却至室温（大概 30 min）。

6. 实验步骤

实验步骤如图 4 – 9 – 1 所示。具体如下。

（1）水样配制：在 20 L 水桶里装满纯净水，水面最高位置距顶 5 ～ 8 cm。在水桶上方架设好搅拌器，调节好搅拌速度，保证水体的上表面没有气泡、漩涡形成。固定好在线式浊度仪，添加配制的底泥浑液，使得浊度值分别大致在 10，30，60，80，120，150，180，200 NTU 等需要的数值附近。

（2）当浊度仪稳定读取以上数值时，在距离浊度仪传感器的正前方大概 10 cm 的位置用注射器抽取水样。关于抽滤实验所需要的水样体积，一般保证抽滤所得残留物质 10 ～ 50 mg 为佳，推荐过滤 100 ～ 200 mL。水体太清则需要适当增加抽滤的水量。一般地，当浊度值小于 150 NTU 时，需取 150 mL；浊度值大于 150 NTU 时，取 100 mL。

（3）将水样置入 250 mL 量筒，准确称量体积，再倒入干净的 250 mL 盛液烧杯里，用纯净水润洗量筒 3 次后一并倒入 250 mL 盛液烧杯。每个浊度值各抽取 1 份，分别倒入对应的 250 mL 盛液烧杯里备用。在表 4 – 9 – 1 中的"浊度值""样品体积"栏里记录相应的数据。

（4）通过注射器，用高压纯净水对滤芯进行通洗 2 ～ 3 次（G2 滤芯容易堵塞），装配好抽滤装置。

（5）取样品盛液烧杯，按照操作要领倒入抽滤瓶内，打开抽滤装置开关，记录抽滤总耗时（只包含浑液抽滤时间，不包含冲洗水抽滤的时间）。

（6）滤膜在烘膜条件下烘干，后在感量为 0.0001 g 的天平上称重、记录。

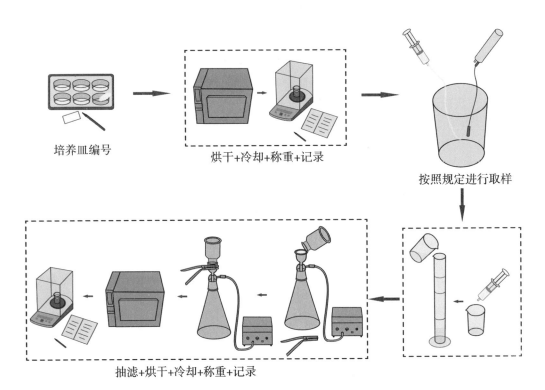

培养皿编号

烘干+冷却+称重+记录

按照规定进行取样

抽滤+烘干+冷却+称重+记录

图4-9-1 悬沙浓度测量与标定实验步骤示意

4.9.3 数据记录与结果分析

1. 数据记录

实验数据记录于表4-9-1。

表4-9-1 浊度标定实验记录表

取样地址：＿＿＿＿＿＿ 取样日期：＿＿＿＿＿＿ 分析日期：＿＿＿＿＿＿

组员：＿＿＿＿＿＿＿＿＿＿＿＿＿＿＿＿＿＿＿＿＿＿＿

编号	浊度值/NTU	抽滤时间/s	培养皿标记号	滤膜重/g	样品体积/mL	样品毛重（滤膜+砂)/g	样品净重/g	质量浓度/(mg·L^{-1})
1								
2								
3								
4								

续表 4 - 9 - 1

编号	浊度值/NTU	抽滤时间/s	培养皿标记号	滤膜重/g	样品体积/mL	样品毛重（滤膜＋砂）/g	样品净重/g	质量浓度/(mg·L^{-1})
5								
6								
7								
8								
9								
10								
11								
12								
13								
14								
15								

2. 结果分析

综合 15 个数据进行线性回归法标定。

4.9.4　探索与思考

（1）NTU 是体积浓度还是质量浓度？标定的意义何在？

（2）该标定方法是否可靠？从理论上谈谈如何提高标定质量。

（3）试分析操作中产生误差的原因有哪些。

（4）合并全班数据，考察标定的曲线差异，并分析差异的原因。

（5）提取超大误差数据点并将其剔除，比较剔除异常点前后的线性回归结果。

5　实验报告样本

关于实验报告的写作

在科学研究上，实验分为验证性实验、探索性实验和模拟性实验，相应的实验目的也分为验证已有理论，通过合理的实验设计及方法证实某种科学推测，以及模拟现场环境进行科学实验。

海洋沉积动力学实验旨在通过讲解实验原理和实际操作，使实验者了解和熟悉沉积动力学实验的基本原理、操作技能和实际应用，并巩固所学的基础理论知识，培养观察能力、综合分析能力，提高创新思维和独立解决问题的能力。为此，一个完整的实验报告应该包含以下内容。

（1）实验目的：本实验教材与海洋沉积学理论课程配套，进行验证性实验。通过实验，认知和验证已有知识，包括了解和应用相关原理、概念和背景知识，掌握图表绘制和数据分析的方法等。

（2）实验意义：本实验教材旨在通过野外考察、采样、做实验和数据分析，提高学生的动手能力，在实验中更加深刻地理解理论知识，同时增加理论课程的趣味性，也让学生体会到实验数据的宝贵。

（3）实验方法：包括实验的设计和操作的规则。本书中所涉及的实验方法均参考规程或者测验规范，如 GB/T 12763—2007《海洋调查规范》、GB/T 50159—2015《河流悬移质泥沙测验规范》和 SL 42—2010《河流泥沙颗粒分析规程》，同时结合编者的多年工作经验，依据实验课程的条件对实验方法进行优化和改进。在实验过程中，应对每一步具体操作、现象做详细的原始记录，一方面，便于后续实验的组间对比和误差分析，另一方面，培养对原始数据尊重的科研态度。除系统误差外，实验结果与人为操作和操作环境密切相关。

（4）结果分析：实验结果隐含着客观世界的规律，科研工作者必须忠于数据结果进行实验分析，不能凭空臆造和修改实验数据，数据分析必须实事求是，不掺杂主观臆断。实验结果与预期效果或前人说法一致时，应予以肯定；而出现偏差或异常现象时，应分析其原因，提出自己的猜想，并检查仪器和实验操作，通过重复实验进行验证。

（5）问题讨论和探索：基于全班的实验结果，并和已有知识及预期结果做对比，可以发现，相同条件下，实验结果也会因人而异。由此，实验的目的便是从验证、认知上升到改进、创新，提出自己的方案或假说，并通过进一步实验，验证新方案的可靠性和新假说的正确性。

实验报告的基本结构如下。

1. 预习

（1）实验的背景：行业规范、业内操作规则。

（2）实验原理：实验原理在实验报告的开篇，写作实验原理需要查阅文献，包括阅读本教材中的相关内容，罗列出相关的理论知识（例如，沉析法应用了多家泥沙颗粒沉降公式，如 Stokes 公式、沙玉清公式和武水公式等），还可将原理以流程图方式形象地展现。

2. 实验部分

（1）实验目的、意义。

（2）操作人和对象。

（3）实验材料和仪器设备。

（4）实验条件、实验前预处理。

（5）实验步骤（最好能把各步骤用简图画出）。

（6）注意事项。

3. 数据处理与结果分析

（1）原始数据（真实，不可造假）。

（2）结果分析。

a. 统计结果。

b. 图、表分析。

c. 计算特征值和统计参数，进行定性分析。

（3）误差分析。

（4）实验总结。

4. 探索与思考

（1）作业讨论。

（2）理论和实验结果进行对比，提出问题和解决方案。

5. 参考文献

报告样本 1　野外考察与采样

海洋沉积动力学实验报告

实验名称：野外考察与采样

年级：_____　　　　　　　　　　　时　间：_____

姓名：_____　　　学号：_____　　　同组人：_____

---

1. 预习

（提示：了解海岸地貌类型、水动力过程和海岸带附近泥沙分布情况等的相关知识，并查看考察地点附近当天的潮汐、天气情况。）

2. 考察目的

野外采样考察，一方面，是为后续实验课程提供实验样品；另一方面，也是为了让学生可以亲临现场，观察岸滩形态、地貌、结构和物质组成等特征。在观察海滩垂直结构之后，在剖面上分层采集沉积物样品，为后续实验准备样本。

野外采样考察活动，旨在培养学生将理论知识应用于实际工作的能力。通过野外实习，拓宽学生的视野，让其不局限于课本上的知识。同时，这也是学生进一步理解、补充和完善所学理论知识的过程。

3. 考察时间

2015 年 11 月 13 日（农历十月初二）7：30—12：00。

4. 考察地点

广东省珠海市淇澳岛附近海滩（图 1 中红线所圈范围）。

5. 考察地环境

淇澳岛在珠海市香洲东北部 13 km，珠江口内西侧，东距内伶仃岛 13 km，北与虎门相对，南距唐家湾镇 1.2 km。全岛面积 23.8 km²。地质为花岗岩结构主体，表层为黄沙黏土。

珠海天气网 2015 年 11 月 13 日发布的数据显示，该日最高气温为 25 ℃，最低气温为 20 ℃；天气状况为：小雨，无持续风向，风力等级为微风。由于采样考察点位

图1　珠海淇澳岛采样点汇总、比例尺与指北针

于海边，实际感受风浪较大。

中国海事服务网资料显示（如图2所示），该日内有两个高潮、两个低潮，潮高不等，为不正规半日潮。香洲附近海域分别在05：27和16：53时出现第一次和第二次低潮，对应潮高分别为56 cm和130 cm；在12：01和22：57时左右出现两次高潮，对应潮高分别为190 cm和255 cm。采样考察的时间段（9：00—12：00）正好处于海水上涨的过程，从该图中可以看出，该日内的最大潮差为134 cm。

6. 考察内容

1）观察海滩与特征研究

本次野外考察地点为两个海滩，分别代表海岸侵蚀地貌和堆积地貌。

（1）广东省珠海国际学校附近的基岩海岸，其海滩有明显的海蚀地貌形态，包括海蚀崖、海蚀平台，如图3、图4所示。

同时，可以注意到，该海滩海蚀平台上存在一条明显的、横向平行于海岸的分裂线，如图5所示。根据猜测，其可能是由于海蚀平台靠海的部分发生下沉，与岸边基岩发生垂向错动所造成。

海洋沉积动力学实验

潮时/hrs	05:27	12:01	16:53	22:57
潮高/cm	56	190	130	255

时区：–0800（东8区），潮高基准面：在平均海平面下150 cm

（a）潮汐表

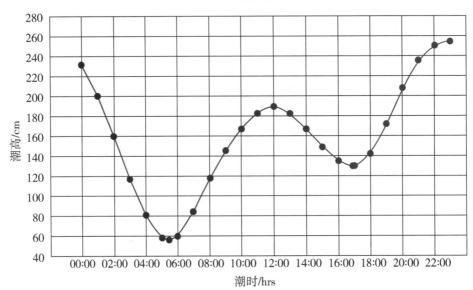

（b）珠海（香洲）2015–11–13潮汐表曲线图

图2　珠海（香洲）港潮汐查询结果

图3　基岩海岸的海蚀崖

88

图4　基岩海岸的海蚀平台

在海蚀平台的基岩上可以观测到许多沿海水涨落流向的沟壑，为流水作用和化学作用的结果，如图6所示。

图5　海蚀平台上的疑似错动现象　　　　　　图6　海蚀平台上的壶穴

（2）珠海中华白海豚保护基地附近的沙质海岸，坡度较低，有明显的滩肩，如图7所示。从图7可以看出，该海滩属于弧形海滩，两边均有向外突出的岬角。该沙质海岸的海滩由前滩和后滩组成。在前滩上，可以根据泥沙的颜色，分辨出最近一次波浪向岸运动至最远处的水迹线；滩肩上向陆一侧分布着贝壳、水生植物和生活垃圾等物品，为"垃圾线"；后滩主要是一片灌木丛覆盖的海滩沙丘，海滩沙丘一般情况下可随风浪作用以及极端天气而移动，但此处生长着茂密的植物，起到了固定作用，所以沙丘稳定性较高。

图7　淇澳岛沙质海滩滩面情况

2）采样（沙样和水样）

海滩横向与纵向上的泥沙颗粒分布存在明显差异，因此对两者均进行采样分析。

（1）在沙滩靠近岬角处采集了2处离海不同距离的泥沙（如图8所示）。肉眼可以看出，离海越远泥沙颗粒越粗，这与该沙滩岬角处的海岸侵蚀地貌有关。基岩被侵蚀后形成的粗颗粒泥沙，在海浪的作用下，向海湾处的沙滩搬运。由于沙滩与海岸侵蚀地貌相距不远，泥沙没有因为长时间搬运而沉积，反而被海浪冲上沙滩，而动能在冲上沙滩的时候被大大消耗，回流的海浪不足以携带沙滩上较粗的泥沙颗粒向海流动，故出现泥沙粒径与离海距离成正比的现象。

（2）为认识海滩垂向结构特点，本次考察分别在滩肩处与后滩的灌木丛中各选择一处，进行垂向挖掘（考察结束后，对其进行回填，以最大程度减少对环境的影响），如图9所示，分别在1号、2号处挖出深度为1.2 m和1.4 m的剖面（挖至剖面底部有海水冒出即止）。观察内部分层特点，并从下往上定位分层采样（注意防止污染样品）。

（a）离海较远处

（b）离海较近处

图8　沙滩横向采沙实际情况

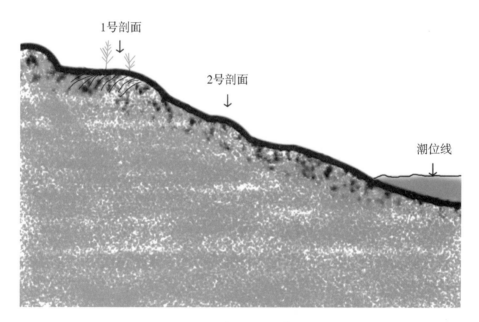

图9　海滩剖面示意

　　1号剖面和2号剖面分别位于滩面以及海岸沙丘处，这两处体现了海滩的不同特征。

　　a.1号剖面。1号剖面图及其垂向分层情况如表1、图10所示。1号剖面深度为1.26 m，测坡度时，剖面中水位线位于0.18 m处，斜面顶点到水边的距离为8.7 m，即其坡度约为0.13。海滩泥沙在垂向上可以分为明显的7层，顺序由下到上编号为T1～T7，第一层从10 cm处起算。各层对应的标尺读数、厚度和性质如表1所示。

表 1 淇澳海滩 1 号剖面分层现象

层次（编号）	标尺读数/cm	厚度/cm	表征粒径	备 注
T1	10～41	31	较粗（粗砂）	底部有水出露，砂色较深，偏棕色，有贝壳夹杂其中，沙砾含水量大
T2	41～64	23	较 T1 细	砂中含水量大，在水平方向粗细不均，靠海一侧粒径较粗，远海一侧粒径细
T3	64～73	9	颗粒较 T2、T1 都粗	—
T4	73～84	11	细	—
T5	84～94	10	较粗（粗砂）	水平方向厚度不一，标尺附近读数为 94 cm
T6	94～96	2	细	这一层沙砾粗细更迭较快，为方便取样实验，皆归为一层
	96～98	2	粗	
	98～101	3	细	
	101～102.6	1.6	粗	
T7	102.6～106	3.4	细	近表层
	106～109	3	粗	
	109～115	6	细	
	115～122	7	粗	
	122～124	2	细	表层
	124～126	2	粗	

T1 层（10～41 cm）底部有水出露，导致其砂粒颜色较深，呈偏棕色，中间夹杂贝壳；T2 层（41～64 cm）含水量较大，泥沙颗粒粒径在水平方向上分布粗细不均，靠海一侧粒径较粗，远海侧粒径细，正好符合风对泥沙的搬运规律——在风的再搬运作用下，粒径小的泥沙颗粒向岸搬运；T3 层（64～73 cm）的泥沙粒径明显比 T1、T2 大，但厚度较小，初步推断可能由某次风暴潮引起；T4 层（73～84 cm）泥沙较细，其情况刚好对应 T3 层的某一恶劣天气过后，较为平静的海面波浪对于泥沙搬运作用的情况；T5 层（84～94 cm）泥沙粒径较粗，且水平方向厚度不一；而 T6

（a）剖面图

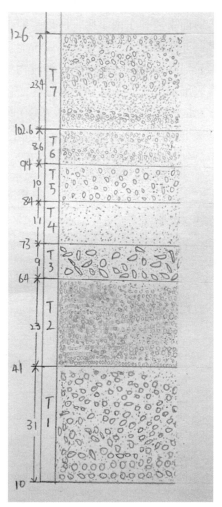

（b）剖面图素描

图10　淇澳1号剖面

层（94～102.6 cm）和T7层（102.6～126 cm）泥沙粒径粗细更迭较快，与T5层的情况联系起来，初步推断其对应特定季节多变的天气情况。

　　对于岬湾海岸沉积物的粒度分析，学者们常研究其表层（0～5 cm）与次表层（5～50 cm）。对于本次1号剖面，从表1可看出，其表层泥沙粒径呈"粗—细—粗"的分布，刚好对应11月13日及其之前几天连续的微风阴雨天与晴天相互交替的天气情况。从图10可以粗略判断出，次表层泥沙粒径整体较粗，但仍比表层细［具体平均粒径 $M_z(\Phi)$、分选系数 $\sigma_i(\Phi)$、偏态 $S_{ki}(\Phi)$ 和峰态 $K_g(\Phi)$ 待进行筛分实验之后才可得知及进行定量分析］。次表层的泥沙一般形成于上一个季节，采样时间为11月中旬，所以次表层的泥沙为夏季堆积形成。淇澳岛位于亚热带季风区，波浪波向明显地随季节风向变化而变化。冬季，盛行东北季风，沿岸盛行东北向浪；夏季，盛行东南季风和西南季风，沿岸盛行偏南向浪；春秋季节属季风交替时期。由于东北季风强于西南季风和东南季风，所以一般冬季的平均波高大于夏季，而岬湾海岸在夏季平均波高亦相对较大，在全年中属于能量相对较高的阶段，这表明此类型海岸夏季处于相对较强的海岸动力环境中，海滩物质受到较强的簸选作用。沉积物粒度特征的表层和次表层的变化，与此动力特征的变化相对应[1]。

b：2 号剖面。后滩灌木丛中的 2 号剖面及其垂向分层情况如表 2、图 11 所示。从图 11 可知，该剖面深度为 1.4 m，海滩泥沙在垂向上可以分为明显的 9 层，由下到上分别标记为 T1～T9。各层深度和性质如表 2 所示。

表 2　淇澳 2 号剖面分层现象

层次（编号）	标尺读数/cm	厚度/cm	表征粒径	备　　　注
T1	0～16	16	粗	目测 A、B、C 3 个点泥沙粒径有差异
T2	16～55	39	细	——
T3	55～70	15	粗	——
T4	70～80	10	细	——
T5	80～85	5	细	灰色的泥质，腐殖质层
T6	85～100	15	粗	——
T7	100～110	10	较粗	——
T8	110～120	10	细	明显有一些植物根系存在
T9	120～140	20	粗细夹杂	表层以细颗粒黏性土为主，夹杂部分粗颗粒泥沙，植物根系在此层发达
采样点分布示意图：　陆　B　A　C　海 ⟶				

T1 层（0～16 cm）为粗颗粒泥沙，且这一层由陆向海方向，泥沙粒径趋于增大，其形成所对应的天气状况比较剧烈，波能较强，向岸搬运堆积的泥沙粒径较大；T2 层（16～55 cm）为细颗粒泥沙，且厚度较大，可见在 T1 层对应的天气系统过境后，其环境较长时间为稳定状态，波能较低；T3 层（55～70 cm）为粗颗粒泥沙，厚度相对较小，可见也是某一剧烈天气系统过境形成；T4 层（70～80 cm）为细颗粒泥沙，对应 T3 相应天气环境之后波能较小的情况；T5 层（80～85 cm）为一灰色的腐殖质层，其形成原因猜测如下——在形成这一层时，海水受到污染，如暴发赤潮等，海水将藻类运输到岸上，随后环境恢复正常，后续搬运过来的泥沙将其覆盖，使其形成一个腐殖质层；T6 层（85～100 cm）为粗颗粒泥沙，厚度与 T3 层相当，T7 层（100～110 cm）也为粗颗粒泥沙，但是比 T6 层的细，而 T8 层（110～120 cm）

为细颗粒泥沙，可见 T6 层对应的也应是剧烈天气，如台风等引起波能增强的情况，之后波能逐渐降低，输运的泥沙粒径逐渐减小；T9 层（120～140 cm）对应的泥沙粒径粗细不定，但以黏土为主，含有部分粗颗粒泥沙。

（a）剖面图

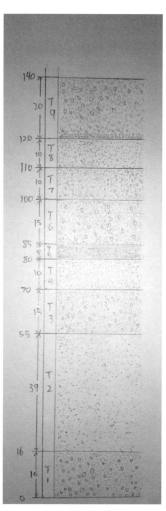

（b）剖面图素描

图 11　淇澳 2 号剖面

7. 考察认知

野外采样考察是一个综合学习的过程，其内容除了现场观察拍照和采样外，还有自身野外实践能力的提高。由于考察是室外活动，地点位于海边，根据当时的天气和潮汐的涨落情况，考察人员应该有所准备，其中包括适时调整观察和采样时间以及地点等。同时，采样需要有一定的技巧，在工作过程中需要根据知识和经验去判断，而非盲目地干苦力。从两个剖面的选择，到相应挖剖面的方式和剖面口径大小的选择，

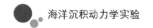

无不体现着个人野外工作能力。

这次野外采样考察，不仅拓宽了视野，现场观察海蚀崖和海蚀平台，亲自去挖剖面，查看海滩泥沙垂直分层，也锻炼了大家野外工作的能力，提高了同学们合作的默契程度。

最后，结合现场观测到的现象和后期查阅的相关文献资料，可以定性地判断海滩剖面出现粒径较粗的砂层为剧烈天气所引起，其中，台风是造成海滩地形大时间尺度变化的直接驱动力，而海区季节性波况是海滩剖面准季节性变化的动力因素。值得补充的是，本次野外考察地点受人类活动影响较大，沙滩整体环境较差，保护海岸环境势在必行。

参考文献

［1］曹慧美. 华南沿海砂质海滩沉积物粒度特征分析［D］. 厦门：国家海洋局第三海洋研究所，2003.

报告样本2 沙质沉积物筛分法

海洋沉积动力学实验报告

实验名称：沙质沉积物筛分法

年级：＿＿＿＿＿＿＿   时 间：＿＿＿＿＿＿

姓名：＿＿＿＿＿＿   学号：＿＿＿＿＿＿   同组人：＿＿＿＿＿＿

1. 预习

（提示：除"实验2 沙质沉积物筛分法"方案里的要求外，了解泥沙粒径参数——平均粒径、分选系数、偏态和峰态等具体内容及其参考标准。）

2. 实验部分

（以下省略的部分参照相关实验内容，自行誊写。）

1）实验目的（略）

2）操作人和对象（略）

3）实验材料和仪器设备（略）

4）实验前准备（略）

5）实验步骤（略）

（提示：可根据实际操作情况，对原操作步骤进行细化，并对其间发生的特殊情况进行记录。如，因课时原因，本小组实验只处理2号剖面5C～9C层的泥沙样品。）

3. 数据处理与结果分析

1）原始数据（包括实验室当场处理的数据）

本实验在每次称量前，均对烧杯质量进行称量，其记录情况如表1所示。

对于泥沙的初始以及筛分结束时所累加的质量，使用表2进行记录，其中实验结果误差均满足实验要求的±2%。

表1 泥沙粒径记录表

组员：＿＿＊＊＊＿＿　　　烧杯质量：＿＿22.4799 g＿＿　　　日期：＿＿＊＊＊＿＿

粒径范围/mm	2 号剖面 第5C 层 样品质量 （含烧杯）/g	2 号剖面 第6C 层 样品质量 （含烧杯）/g	2 号剖面 第7C 层 样品质量 （含烧杯）/g	2 号剖面 第8C 层 样品质量 （含烧杯）/g	2 号剖面 第9C 层 样品质量 （含烧杯）/g
>2	25.7936	22.4782	60.8714	25.3710	22.4787
1.4～2	30.5757	22.4784	40.0454	31.3108	22.4778
1～1.4	36.2125	22.4781	29.6237	37.3820	22.4778
0.71～1	47.5809	22.4782	28.5792	50.0052	22.4777
0.5～0.71	39.1334	22.4778	27.7133	42.4603	22.4777
0.355～0.5	31.5264	22.4779	27.0389	32.5226	22.4777
0.25～0.355	28.8588	22.4778	26.9793	29.3129	22.4778
0.18～0.25	30.7941	22.4779	32.0827	33.7772	22.4778
0.125～0.18	25.5374	22.4778	27.3350	28.5077	22.4777
0.09～0.125	23.1483	22.4774	23.1070	23.1569	22.4777
0.063～0.09	22.5261	22.4778	22.5453	22.5564	22.4777
<0.063	22.5221	22.4779	22.5261	22.5275	22.4787

表2 泥沙筛分始末质量及误差记录表

组员：＿＿＊＊＊＿＿　　　　　　　　　　　　　　　　　日期：＿＿＊＊＊＿＿

项　目	对 应 层 位				
	5C	6C	7C	8C	9C
使用前 50 mL 烧杯质量 m_{s2}/g	40.2577	42.7376	40.2576	40.2589	42.7388
原始第 1 次称重 m_1/g	105.9245	97.3742	103.4227	106.4045	97.5459
原始第 2 次称重 m_2/g	69.3301	86.7935	83.0762	83.4040	84.1405
原始沙样质量 $[m_{c1} = (m_1 + m_2) - 2 m_{s2}]$/g	94.7392	98.6945	105.9802	109.2915	96.2188
筛分后各粒径沙样累积质量 m_{c2}/g	94.4629	98.7121	105.7317	109.1579	96.1726
实验误差 $(m_{c1} - m_{c2})/m_{c1} \times 100\%$	0.29%	−0.02%	0.23%	0.12%	0.05%

2）本组实验结果照片

本组实验结果照片如图 1 所示。

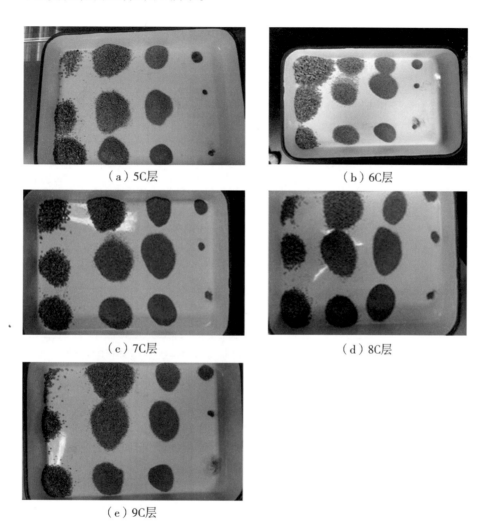

（a）5C层　　　　　　　　　　　（b）6C层

（c）7C层　　　　　　　　　　　（d）8C层

（e）9C层

图1　2号剖面筛分结果

3）数据处理及初步分析

对实验原始数据做进一步处理，得到各层的分级质量 m_i，筛上累积百分率 P_{si}，筛下累积百分率 P_{xi}，如表 3 所示（本处截取原始报告的表 2 中 2 号剖面 7C 层的分析结果为例）。

表 3 的数据揭示其粒径众数和中值粒径分别对应于 0.71～1 mm 和 0.5～0.71 mm 区间。该处沙样大部分泥沙粒径大于 0.125 mm，几乎不含小于该粒径的较细颗粒泥沙。在大于 0.125 mm 范围内的各分组粒径，其泥沙质量较为近似 ［结果对照图1（c）］。

表3 2 号剖面 7C 层的粒径数据分析表

组员：＿＿＊＊＊＿＿＿ 　　　　　　　　　　　　　　　　　　　日期：＿＿＊＊＊＿＿＿

粒径/mm	筛上质量 m_i/g	分级质量分数 P_i/%	筛上累积百分率 P_{si}/%	筛下累积百分率 P_{xi}/%
＞2	10. 7771	10. 1929	10. 1929	89. 8071
1. 4～2	11. 5234	10. 8987	21. 0916	78. 9084
1～1. 4	10. 6103	10. 0351	31. 1267	68. 8733
0. 71～1	16. 8259	15. 9138	47. 0405	52. 9595
0. 5～0. 71	14. 5452	13. 7567	60. 7972	39. 2028
0. 355～0. 5	9. 7980	9. 2669	70. 0640	29. 9360
0. 25～0. 355	7. 9910	7. 5578	77. 6218	22. 3782
0. 18～0. 25	14. 9081	14. 0999	91. 7218	8. 2782
0. 125～0. 18	7. 7494	7. 3293	99. 0511	0. 9489
0. 09～0. 125	0. 8292	0. 7842	99. 8353	0. 1647
0. 063～0. 09	0. 1076	0. 1018	99. 9371	0. 0629
＜0. 063	0. 0665	0. 0629	100. 0000	0. 0000

注：分级质量分数 $P_i = m_i/m_{c2} \times 100\%$，筛上累积百分率 $P_{si}(n) = \Sigma P_i$，筛下累积百分率 $P_{xi} = 1 - P_{si}$。

4）绘制分析相关泥沙粒度分布图表

（1）分配曲线及其分析。

a. 作图。以淇澳 2 号剖面 5C～9C 层泥沙样品为研究对象，绘制分配曲线，横坐标为泥沙粒径范围（单位为 mm），纵坐标为分级质量分数，如图 2 所示。

b. 分析。根据图 2，可以较为明显地了解到，6C 层对应的泥沙粒径众数为大于 2 mm，该曲线分布趋势与另外 4 组明显不同，泥沙成分大部分为粗砂，小于 1. 4 mm 的细颗粒泥沙含量较少。其余 4 层的粒径众数（第一个峰值）均分布在 0. 71～1 mm 范围内，且各组粒径分布较为近似，呈双峰状态，而第二个值分布在 0. 18～0. 25 mm 范围内。

（2）粒度参数图表及其分析。

a. 作图。如图 3 所示，研究对象为 2 号剖面 5C～9C 的 5 个泥沙样品，纵坐标为小于某粒径沙重的百分数，横坐标为粒径数值，用对数分度，其中粒径 d 分别取 4，2，1. 4，1，0. 71，0. 5，0. 35，0. 25，0. 18，0. 125，0. 09，0. 063 和 0. 03125 mm（两端增加 4 与 0. 03125 的原因：所选用的标准筛最大孔径为 2 mm，最小孔径为 0. 063 mm，而作筛下累积频率曲线图，两端必须闭合，所以，根据 Folk 定义 Φ 的方法，在 2 之上再取一个 4，在 0. 063 之下再取一个 0. 03125）。

100

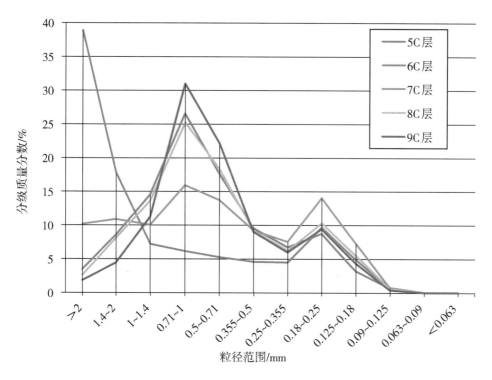

图2 分配曲线

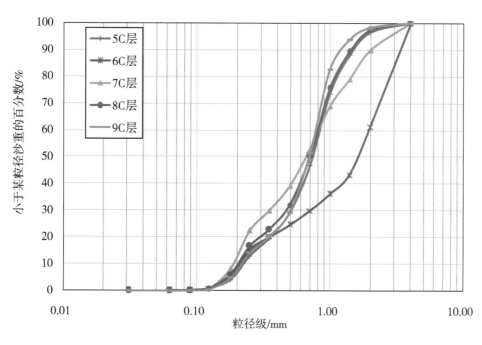

图3 累积频率图

b. 作表。如表 4 所示，以 2 号剖面的 5C ～ 9C 为研究对象，对其平均粒径 $M_Z(\varPhi)$、分选系数 $\sigma_i(\varPhi)$、偏态 $S_{ki}(\varPhi)$ 和峰态 $K_g(\varPhi)$ 进行计算。

表 4　淇澳 2 号剖面 5C ～ 9C 泥沙样品的粒度参数

层位	参　数　值			
	平均粒径 $M_Z(\varPhi)$	分选系数 $\sigma_i(\varPhi)$	偏态 $S_{ki}(\varPhi)$	峰态 $K_g(\varPhi)$
5C	0.6921	0.9772	0.1638	0.8593
6C	− 0.0071	1.4738	0.6663	0.8899
7C	0.6367	1.3512	0.0769	0.8324
8C	0.7018	1.1218	0.3095	1.0647
9C	0.8095	0.9546	0.3616	1.3481

c. 泥沙粒度参数分析[1]。平均粒径反映沉积物粒度平均值的大小，代表粒度分布的集中趋势，用以大致了解沉积环境及沉积物的来源情况。

根据表 4 中的平均粒径数据，可以得知 6C 层对应值最大，对应 $\varPhi$ 为 − 0.0071，根据粒度分级表（尤登－温德华氏分级），其为极粗砂，表示当时形成该层沙样对应的天气情况较为剧烈，或为某次台风过境造成。7C、5C、8C 和 9C 层的平均粒径依次次之，但均在 0 ～ 1 之间，为粗砂。

分选系数表示沉积物的分选程度，用以区分沉积物颗粒大小的均匀程度。当粒度集中分布在某一范围较狭窄的数值区间内时，就可以大致定性地说它是分选较好。分选性的好坏可以作为环境标志，常用于分析沉积环境的动力条件和沉积物的物质来源，分选作用与运动介质的性质和碎屑物被搬运的距离密切相关。

在分选系数 σ_i 上，5C 和 9C 层泥沙样品的对应值均落在 0.71 ～ 1.00 的区间内，可以定性地判断其分选性中等。而 6C、7C 和 8C 层的 σ_i 值均大于 1.00，且小于 2.00，判定其分选较差。其中，6C 的分选系数最大，即分选性最差，参考其平均粒径情况，6C 层泥沙总体较粗，但因后来形成的 7C 层的泥沙较细，其在形成的过程中，7C 层的部分细颗粒泥沙混入 6C 层，使其粗细夹杂。这与当初野外采样的现场观测情况相同，也符合上文根据平均粒径对第 6C 层形成时天气状况的判定，即该层对应的天气较为恶劣，而之后天气情况较为平静。由于采样时间为 11 月，且采样地点位于后滩，只有夏季较为恶劣的天气才能使海浪影响后滩。华南地区夏季常遭受台风等恶劣天气的影响，故会在沙滩的垂向剖面上出现一层泥沙较粗、分选性较差的沉积层。

偏态 S_{ki} 表征颗粒频率分布不对称程度。不同沉积环境所形成的沉积物的频率曲线是不同的，因此频率曲线的偏态可以一定程度上反映沉积环境。

在偏态 S_{ki} 上，5C 层泥沙样品对应值落于 0.1 ～ 0.3 区间，属于正偏，而 6C、8C 和 9C 这 3 层泥沙样品对应值均大于 0.3，即属于极正偏情况。整体上，5C ～ 9C 层泥沙的主要粒径集中在粗粒部分。

峰态 K_g 为衡量粒度频率曲线尖锐程度的参数，一般窄峰态的曲线，其中部较尾部的分选性好，低于0.5的峰态较为少见。当峰态很低时，则表示该沉积物是未经改造就直接进入新的环境，且新环境对其改造不明显，因此，它仍然代表几个物质直接混合的结果，其分布曲线则可能是宽峰或鞍带分布，或者多峰曲线。

对于峰态 K_g，2号剖面5C、6C和7C层的峰态值约为0.8，落于 $0.67 \sim 0.90$ 这个区间内，所以，可以定性地描述其分布比正态分布要平坦。而8C和9C的峰态值大于1，其中，8C的峰态值落在 $0.90 \sim 1.11$ 区间，可以近似描述为正态分布，9C层的峰态值在 $1.11 \sim 1.56$ 区间，所以分布较为尖锐。

5）利用萨胡法（1964）区分沉积环境[2]

粒度分析在判定沉积物来源及输运方式（悬移、跃移和推移）、区分沉积环境、判别水动力条件和分析粒径趋势等方面具有重要作用，沉积物粒度分布是物质来源、沉积区水动力环境、输移能力和输移路线的综合反映。

根据本次实验分析对象类型，利用萨胡法的判别公式，即：

$$Y = -3.568 M_Z + 3.7016 \sigma_i^2$$

其中：M_Z 为上文的平均粒度；σ_i 为分选系数。计算结果如表5所示。

表5 萨胡函数计算表

层位	平均粒径 $M_Z(\varPhi)$	分选系数 $\sigma_i(\varPhi)$	Y 值
5C	0.6921	0.9772	1.0655
6C	−0.0071	1.4738	8.0652
7C	0.6367	1.3512	4.4862
8C	0.7018	1.1218	2.1538
9C	0.8095	0.9546	0.4846

由表5可知，5C～9C各层的 Y 值均大于 -2.7411，即淇澳海滩后滩2号剖面的5C～9C层为明显的海滩沙丘，非风成沙丘。

6）误差分析

本次误差分析，分别从系统误差、偶然误差和过失误差3个方面对实验的全部过程进行总结，分析其误差来源，总结如表6所示。

4. 探索与思考

（提示：根据以上分析，加深对于理论知识的理解，包括理论上的概念和定义，以及现场环境的描述等。）

表6 误差分析

误差类型	误 差 来 源	引发的结果	影响程度
系统误差	电子天平精度问题，其显示值小数点后第4位一直波动	在读数时，小数点后第4位不准	较小
	冷却时间10 min过短，泥沙样品未能完全冷却	称重后的泥沙在空气中吸湿，变重	较小
	粒度分析法采用的计算方法为图解法	对于Ⅱ类沉积物，图解法计算的平均粒径较矩值法低	较小
	Φ值的插值方法	本实验采用Matlab的线性插值法，其结果与采用样条插值、多项式插值存在差别	较小
偶然误差	实验前的分次称重，及筛分结束后，对各层泥沙进行转移时，部分泥沙颗粒跳出	结果的质量误差偏大	较大
	取托盘上的实验样品时，未自上而下取一勺，而是只取表层	平均粒径过大	较大
过失误差	由于实验持续时间过长，实验者较为疲惫，可能读错、测错以及记错	粒径结果与其他两组相差较大	较大

参考文献

［1］徐兴永，易亮，于洪军，等．图解法和矩值法估计海岸带沉积物粒度参数的差异［J］．海洋学报，2010，32（2）：81－86.

［2］卢连战，史正涛．沉积物粒度参数内涵及计算方法的解析［J］．环境科学与管理，2010，35（6）：54－60.

报告样本3 泥质沉积物筛分法

海洋沉积动力学实验报告

实验名称：泥质沉积物筛分法

年级：_____   时 间：_____

姓名：_____   学号：_____   同组人：_____

1. 预习

（提示：了解粒度参数、沉积环境与泥沙粒径的关系等知识。）

2. 实验部分

（以下省略的部分参照相关实验内容，自行誊写。）

1）实验目的（略）

2）操作人和对象（略）

3）实验材料和仪器设备（略）

4）实验前准备

获取实验样品：

（1）样品采集时间：2015 年 11 月 25 日（农历十月十四）15：30—17：30。

（2）采集地点：珠海鸡山桥附近潮滩（如图 1 所示）。

（3）采样地环境：鸡山村位于珠海市香洲北部，东面为海，西靠凤凰山，属沿海丘陵地区。山地是典型的南亚热带季风气候，气温高，热量丰富，雨量充沛。该处年平均气温 24 ℃，年平均降雨量 1700 ～ 2300 mm，4—9 月的雨量约占全年的 80%。东风为常向风，夏季以东南风为主，冬季以东北风为主，夏秋季均有台风侵袭情况。

珠海天气网 2015 年 11 月 25 日发布的数据显示，该日最高和最低气温分别为 23 ℃和 15 ℃；天气状况：小雨到多云，北风，风力等级 3 ～ 4 级。由于当天是农历十四，接近天文大潮，所以涨潮时间早，速度快，对采样产生了一定的阻碍。

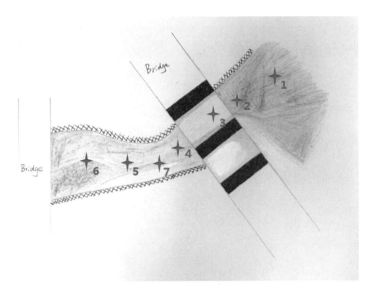

图1 采样点分布区域情况（红色为采样点，其中3号点位于桥墩下方）

潮时/hrs	03:46	10:09	15:35	21:42
潮高/cm	30	184	91	254

时区：–0800（东8区），潮高基准面：在平均海平面下150 cm

（a）潮汐表

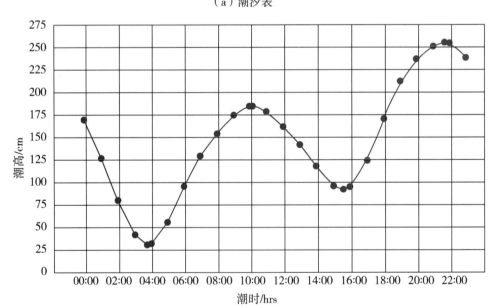

（b）珠海（香洲）2015–11–25潮汐表曲线图

图2 珠海（香洲）港潮汐查询结果

中国海事服务网资料显示（如图2所示），该日内有两个高潮、两个低潮，潮高不等，为不正规半日潮。香洲附近海域在03：46 和15：35 时出现两次低潮，潮高分别为30 cm 和91 cm，在10：09 和21：42 时分别出现高潮，潮高分别为184 cm 和254 cm。而因条件限制，学生采样考察时间段为15：35—17：00，正好处于海水上涨的过程。同时可以看出，该日内的最大潮差为154 cm。

5）预处理（由教师代为进行）

6）实验步骤（略）

3. 数据处理与结果分析

1）原始数据（包括实验室当场处理的数据）

原始数据如表1所示。本次实验以第12组处理结果为例，其主要为1号、5号和

表1　泥沙粒径记录表

组员：＊＊＊　　　　　烧杯重：41.9934 g　　　　　日期：＊＊＊

粒径/mm	采样点1		采样点5		采样点6	
	总质量/g	净重/g	总质量/g	净重/g	总质量/g	净重/g
2	66.7701	24.7767	44.348	2.3546	42.7823	0.7889
1.4	52.2290	10.2356	43.7016	1.7082	42.8146	0.8212
1	45.0056	3.0122	42.8895	0.8961	42.5164	0.5230
0.71	45.6114	3.6180	43.4218	1.4284	43.2801	1.2867
0.5	43.8910	1.8976	42.9745	0.9811	43.3480	1.3546
0.355	42.6664	0.6730	42.2671	0.2737	42.6359	0.6425
0.25	42.5009	0.5075	42.1809	0.1875	42.8224	0.8290
0.18	42.6394	0.6460	42.3228	0.3294	44.4104	2.4170
0.125	42.5433	0.5499	42.6438	0.6504	44.1928	2.1994
0.09	42.3507	0.3573	42.7049	0.7115	42.9236	0.9302
0.063	42.1645	0.1711	42.2770	0.2836	42.2198	0.2264
共计	508.3723	46.4449	471.7319	9.8045	473.9463	12.0189
筛前	（此处忘记称量原始质量）		51.7950	9.8016	54.0356	12.0422
校正值			0.9997		1.0019	

6 号样品，对应的样品现场描述如下：1 号样品取样时间为 15：58，取样情况——在取样的过程中，海水逐渐上涨，淹没取样点，所取样品受悬沙影响，目测样品泥沙较粗；5 号样品取样时间为 16：35，取样情况——取样点位于水位之上，主要为泥质，含少量小贝壳；6 号样品取样时间为 16：47，取样情况——取样点位于水位之上，主要为泥质，含大量小贝壳。

1 号样品在处理过程中，由于疏忽，忘记称量筛分前的原始质量，故该组无法进行误差分析；然而，根据采样点 5 号和 6 号样品的校正值情况——两者皆接近于 1，即误差非常小，因为属于同组操作，可以判断 1 号样品的数据可信度也较高。

2）本组实验结果照片

本组样品筛分结果照片如图 3 所示。

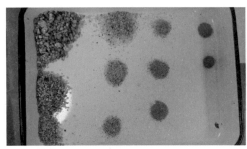

（a）样品1的筛分结果

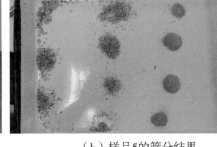

（b）样品5的筛分结果

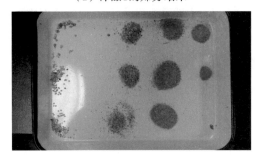

（c）样品6的筛分结果

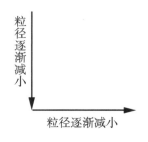

（d）图片中泥样放置情况

图 3　样品筛分结果

根据筛分结果可以直观地看出，5 号泥样的各级泥沙质量比重相对均匀，而 1 号泥样的粗颗粒泥沙较多，6 号泥样则相反，以细颗粒泥沙为主。

3）数据处理与初步分析

对实验得到的数据进行统计，计算出对应的分组质量分数、筛下累积百分率和筛上累积频率，如表 2 所示。

表 2 沉积物粒径数据处理表

Φ值 [-log(d,2)]	粒径 d/mm	采样点 1			采样点 5			采样点 6		
		分组质量分数/%	筛下累积比例/%	筛上累积比例/%	分组质量分数/%	筛下累积比例/%	筛上累积比例/%	分组质量分数/%	筛下累积比例/%	筛上累积比例/%
-2.00	4	0	100	0	0	100	0	0	100	0
-1.00	2	53	47	53	24	76	24	7	93	7
-0.49	1.4	22	25	75	17	59	41	7	87	13
0.00	1	6	18	82	9	49	51	4	82	18
0.49	0.71	8	10	90	15	35	65	11	72	28
1.00	0.5	4	6	94	10	25	75	11	60	40
1.49	0.355	1	5	95	3	22	78	5	55	45
2.00	0.25	1	4	96	2	20	80	7	48	52
2.47	0.18	1	2	98	3	17	83	20	28	72
3.00	0.125	1	1	99	7	10	90	18	10	90
3.47	0.09	1	0	100	7	3	97	8	2	98
3.99	0.063	0	0	100	3	0	100	2	0	100

4）绘制并分析沉积物相关粒度分布图表

（1）分配曲线及其分析。

a. 作图。分配曲线如图4所示，横坐标为粒径范围（单位为mm），纵坐标分别为分级质量（单位为g）和分级质量分数，作图对象为珠海鸡山浅滩1号、5号和6号泥样。

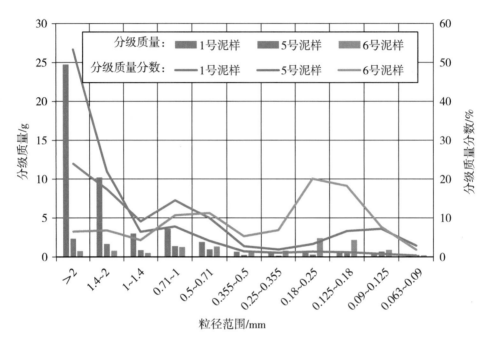

图4　分配曲线

b. 分析。根据图4可以直观地发现，3组样品的泥沙分级质量有差异：1号泥样分级质量从粗到细，几乎成指数递减趋势，其众数和中值粒径均落在大于2 mm的区间内，可见该样品组成以粗颗粒泥沙为主；5号泥样粗颗粒泥沙含量较多，对应分级质量折线呈"多峰"状态，众数落在大于2 mm的粒径区间内；6号泥样的分级质量折线呈明显的"双峰"状态，0.5～1 mm和0.125～0.25 mm粒径的泥沙含量较高，众数落在0.18～0.25 mm的粒径范围内，由此可见，6号样品细颗粒泥沙含量偏高。

（2）粒度级配图及其分析。

a. 作图。粒度级配曲线如图5所示，横坐标为粒径级数（单位为mm），纵坐标为小于某粒径的百分数（％），作图对象同样为珠海鸡山浅滩1号、5号和6号泥样。

同时，绘制概率累积折线图，如图6所示。

b. 分析。根据图5可以看出，3组样品的筛上累积频率曲线存在明显差异：1号泥样的级配曲线在大于1.4 mm之后增长速度较快，且对应数值超过70％，可见其成

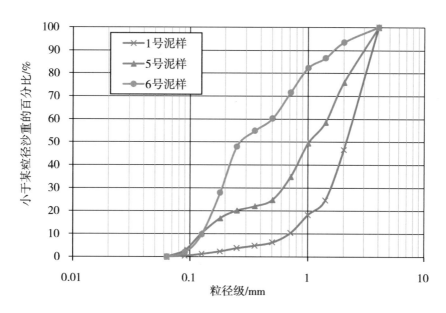

图5 累积频率图

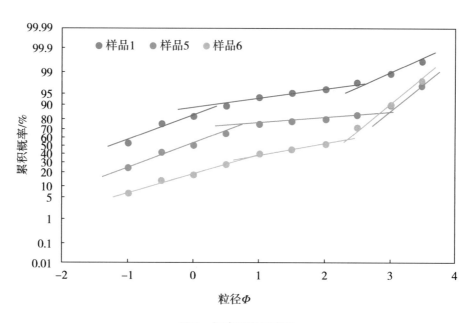

图6 概率累积折线图

分以粗颗粒（粒径大于1.4 mm）为主，中值粒径落在2～4 mm的粒径区间内；5号泥样的累积频率曲线增长较为平缓，并无明显的转折点，中值粒径落在1～1.4 mm的粒径区间内；6号泥样的累积频率曲线在小于0.25 mm的范围内，接近于直线，中值粒径落在0.18～0.25 mm粒径范围内，可见其细颗粒泥沙含量较多。

同时，从其概率累积折线图（如图6所示）可看出，3种样品的概率曲线均由三部分组成：滚动组分、跳跃组分和悬浮组分。整体上，三者的悬浮组分均较低。5号和6号的滚动部分累积频率低，说明其分选性较1号差，与实际情况（如图3所示）相符。

（3）粒度参数图表及其分析。

a. 作表。如表3所示，分别以1号、5号和6号泥沙样品为研究对象，计算其平均粒径 $M_Z(\varPhi)$、分选系数 $\sigma_i(\varPhi)$、偏态 $S_{ki}(\varPhi)$ 和峰态 $K_g(\varPhi)$。

表3　鸡山浅滩1号、5号和6号泥沙样品的粒度参数

样品	参　数　值			
	平均粒径 $M_Z(\varPhi)$	分选系数 $\sigma_i(\varPhi)$	偏态 $S_{ki}(\varPhi)$	峰态 $K_g(\varPhi)$
1号	−0.5456	0.6803	0.9679	8.3399
5号	0.4414	1.6808	0.3587	1.0291
6号	1.5277	1.4108	−0.3912	0.8031

注：平均粒径 $M_Z(\varPhi)$、分选系数 $\sigma_i(\varPhi)$、偏态 $S_{ki}(\varPhi)$ 和峰态 $K_g(\varPhi)$ 的计算参照前文公式（16）～（19），插值方法采用 Matlab 线性插值。

b. 泥沙粒度参数分析[1]。平均粒径 $M_Z(\varPhi)$：反映沉积物粒度平均值的大小，表明粒度分布的趋势。如果以有效能来表示，则代表沉积介质的平均动能（速度）的状况。在区域上系统地研究平均粒径的变化情况，可了解沉积物的来源、运移趋势以及沉积环境的变化。

从表3可以看出，1号样品的平均粒径最大，对应参数值为 −0.5456，根据粒度分级表，该样品为极粗砂。结合现场环境，推测这是由于采样过程中，潮水上涨，将表层细颗粒泥沙冲走，剩余较多粗颗粒泥沙。5号样品平均粒径落在 0～1 之间，为粗砂。6号样品平均粒径落在 1～2 之间，为中砂。根据现场的情况，得知5号和6号样品采集地富含泥质和小贝壳，泥沙颗粒总体较1号细。6号样品采集地附近有排污口，含大量小贝壳，可见其营养物质含量较高，生物作用较为明显，因此泥沙粒径更小。

分选系数 $\sigma_i(\varPhi)$：表示沉积物的分选程度，反映沉积物与沉积环境的关系，和水动力条件和物质来源关系尤其明显。当粒度集中分布在某一范围较狭窄的数值区间内时，就可以大致定性地说它是分选较好。分选性的好坏可以作为环境标志，常用于分析沉积环境的动力条件和沉积物的物质来源。分选作用与运动介质的性质、碎屑物被搬运的距离密切相关。

根据表3可以得知，1号样品的分选系数最小，为 0.6803，位于 0.50～0.71 之间，可以定性地描述其分选性较好。该现象与潮流作用有关，由于潮流作用，细颗粒泥沙悬浮起来，被潮水带走，采集的样品含大部分粗颗粒泥沙。5号和6号样品的分

选系数分别为 1.6808 和 1.4108，位于 1.00～2.00 区间，可以描述为分选性较差，对照实验结果图 3（b）和（c），对应各级粒径泥沙含量均较大。

偏态 $S_{ki}(\Phi)$：是用以度量分配曲线的不对称程度，指示沉积物粒径的平均值与中位数相对位置的指标。如为正偏，表示此沉积物的主要粒级集中在粗粒部分；负偏，则表示沉积物的主要粒级集中在细粒部分。偏态反映了沉积过程中能量的变异。

从表 3 可以看出，1 号和 5 号泥沙样品的偏态 S_{ki} 落于 0.3～1.0 区间，属于极正偏，而 6 号泥沙样品的偏态值小于 -0.3，属于极负偏情况。1 号和 5 号泥沙样品的主要粒径集中在粗粒部分，其中 1 号的偏态值较 5 号大，表明其粗颗粒所占比重明显大于 5 号。6 号泥沙样品的主要粒径集中在细颗粒部分。此分析结果与实验当场的描述相符。

峰态 $K_g(\Phi)$：以分配曲线尾部展开度比例表示，即衡量分布曲线的峰凸程度，用来说明与正态分布曲线相比时，分布曲线的峰的宽窄尖锐程度，反映水动力环境对沉积物的影响程度。峰越窄，说明样品粒度分布越集中，也说明至少有一部分沉积颗粒物未经环境改造直接进入环境。正态分布的峰度值为 1。若 $K_g=1$，峰形与正态分布的陡缓程度相同；$K_g>1$，比正态分布的峰态更加陡峭——尖顶峰；$K_g<1$，比正态分布的峰态来得平坦——平顶峰。

根据表 3 可以得知，1 号泥沙样品 K_g 值为 8.3399，落在大于 3.00 这个区间内，所以可以描述该峰态为极尖锐。而 5 号泥样的 K_g 值为 1.0291，在 0.90～1.11 区间，即为正态分布。而 6 号泥样的 K_g 值为 0.8031，在 0.67～0.90 区间，对应分布较为平坦。

5）利用萨胡法（1964）区分沉积环境[2]

粒度分析在判定沉积物来源及输运方式（悬移、跃移和推移）、区分沉积环境、判别水动力条件和分析粒径趋势等方面具有重要作用。沉积物粒度分布是泥沙的物质来源、水动力环境、泥沙输移能力和输移路线的综合反映。

根据本次实验分析对象类型，选择萨胡法判别公式，即：

$$Y = 0.2852\,M_z - 8.7604\,\sigma_i^2 - 4.8932\,S_{ki} + 0.482\,K_g$$

计算结果依次为：-8.5442，-26.3275 和 -15.0484。所有 Y 值均小于 -7.4190，即可以认定为该沉积物为河流形成。同时，1 号泥样的 Y 值为 -8.5442，接近于 -7.4190，即其受河流和海水的双重影响，且两者影响比较接近。这一分析结果符合现场采样点的位置：1 号采样点位于河流入海口的潮滩上，5 号和 6 号采样点分布在近河口处。

6）与其他组（处理相同样品）的对比分析

同样处理 1 号泥样的有 1，2，3，4，9，10，11 和 12 组，处理 5 号泥样的有 6，9，10，11 和 12 组，处理 6 号泥样的有 5，6，7，8，9，10，11 和 12 组（此处对应组别是按照本教材对应课程实例进行描述），各组的校正值均在 0.95～1.05 之间，

其误差合理。汇总其数据，并作图表，进行分析如下。

如图7至图9所示，横坐标为泥沙分组粒径，纵坐标为小于某粒径沙重的百分数，作图对象分别为珠海鸡山浅滩1号、5号和6号泥样。

对于1号样品（如图7所示），除第12组的数据其曲线偏差较大，第10组和第1组与其余5组有偏差外，其余曲线的变化趋势和程度均接近，因此，选择其剩余5组中误差最小的第4组，作为最后汇总分析的数据。

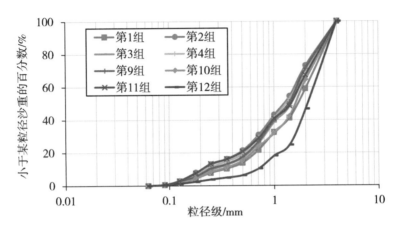

图7　汇总1号样品累积频率图

对于5号样品（图8），第11组和第10组的累积频率曲线与其他组的存在明显偏差，从第6组、第9组和第12组中选取误差最小的第12组作为后面汇总分析的5号样品对应的数据。

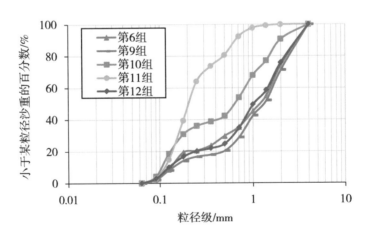

图8　汇总5号样品累积频率图

对于6号样品，各组偏差较大（如图9所示），呈两极分化状况，所以选择误差最小的第8组数据用以后续分析6号样品。

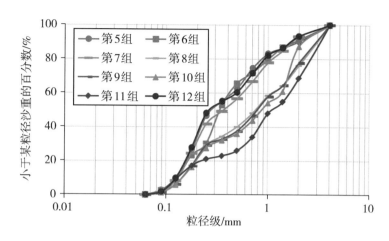

图9　汇总6号样品累积频率图

7）汇总各采样点数据及分析

（1）汇总及筛选数据：原始采集对应样品数为1～7号，然而4号和7号样品不适合做实验，所以本次实验只选取1号、2号、3号、5号和6号共计5组样品进行实验，其整体情况如表4所示。

表4　汇总实验数据情况

样　　品	1号	2号	3号	5号	6号
实 验 组 数	8	7	8	5	8
最佳数据对应组号	4	8	1	12	8

注：本次汇总并筛选各样品数据的方法为：结合累积频率图和校正值，选取最能代表该样品的数据，1号、2号、3号、5号和6号的具体筛选过程见"6）与其他组（处理相同样品）的对比分析"。

筛选后的各样品对应数据如表5所示。

表5　筛选后的总体数据（筛上质量）

单位：mg

粒径/mm	1号样品	2号样品	3号样品	5号样品	6号样品
2	19.1249	27.5487	19.1242	2.3546	4.6683
1.4	11.2500	17.5924	16.2697	1.7082	2.3516
1	7.5991	7.8158	11.6012	0.8961	1.1451
0.71	7.6067	12.4370	16.4772	1.4284	2.0275

续表5

粒径/mm	1 号样品	2 号样品	3 号样品	5 号样品	6 号样品
0.5	6.6265	7.4964	8.4992	0.9811	1.5809
0.355	2.8022	3.3788	2.1526	0.2737	1.1202
0.25	2.2557	1.9725	1.0272	0.1875	1.0292
0.18	3.0366	3.0275	1.0211	0.3294	2.3952
0.125	2.4342	3.7621	1.7677	0.6504	2.1646
0.09	1.3739	2.6534	5.4402	0.7115	1.0005
0.063	0.4021	0.6031	2.8287	0.2836	0.1892
筛后	64.5119	88.2877	86.2090	9.8045	19.6723
筛前	64.5282	88.3653	86.2184	9.8016	19.6526
校正值	1.0003	1.0009	1.0001	0.9997	0.9990

（2）分析沉积物分布情况：如表 6 所示，分别以 1 号、2 号、3 号、5 号和 6 号样品为研究对象，对其平均粒径 M_z、分选系数 σ_i、偏态 S_{ki} 和峰态 K_g 进行计算。

表6　1 号、2 号、3 号、5 号和 6 号泥沙样品的粒度参数

样品	参 数 值			
	平均粒径 $M_z(\Phi)$	分选系数 $\sigma_i(\Phi)$	偏态 $S_{ki}(\Phi)$	峰态 $K_g(\Phi)$
1 号	−0.1413	1.3525	0.3194	1.0377
2 号	−0.2120	1.2832	0.4632	1.1674
3 号	−0.0976	1.3291	0.2412	1.4292
5 号	0.4414	1.6808	0.3587	1.0291
6 号	0.6070	1.6025	0.1409	0.5809

根据平均粒径，2 号样品对应的 M_z 值最小，为 −0.2120，表明其搬运介质的平均动能最大。1 号和 3 号样品则次之，M_z 逐渐增大，且均小于零，对应分类为极粗砂。而 5 号和 6 号样品的 M_z 值均大于零，且依次增大，平均粒径对应分类为粗砂。

结合现场环境，理解数据分析的结果：1 号和 2 号采样点均位于河流入海口处，但 1 号位置更靠近海，且位于潮滩上，水动力情况较弱；而 2 号采样点正好在入海河流边缘，水动力情况较强，所以 2 号点的平均粒径值 M_z 比 1 号点小。而从入海口往陆地方向，依次为 3 号、5 号和 6 号采样点，水动力条件逐渐减弱，对应 M_z 值明显

增大，数据反映的结果与现场状况很好地吻合。

根据分选系数 σ_i 值，5 个样品的分选性均落在 $1.00 \sim 2.00$ 区间上，即分选性较差，但 1 号、2 号和 3 号的值比 5 号、6 号小，表明分选性相对较好，符合一般规律：海滩砂比河砂分选性好。

1 号、2 号和 5 号样品 S_{ki} 值落在 $0.3 \sim 1.0$ 区间上，而 3 号和 6 号样品 S_{ki} 值落在 $0.1 \sim 0.3$ 区间上，1 号、2 号和 5 号样品为极正偏，3 号和 6 号样品为正偏，表明整体 5 个样品曲线形态不对称，偏向粗粒度一侧，细粒一侧有一低的尾部，说明沉积物以粗粒成分为主，分选性差。其中，1 号、2 号取样地较接近于海，按照一般规律，由于潮汐和波浪的高能量作用，其 S_{ki} 应为微弱的负偏。但是根据采样人员的描述，当时在采集 1 号和 2 号样品时，潮水上涨，漫过采样点，将部分细颗粒泥沙带走，这可能是其偏态值出现异常的原因。

1 号和 5 号样品的 K_g 值落在 $0.90 \sim 1.11$ 区间内，2 号和 3 号的 K_g 值落在 $1.11 \sim 1.56$ 区间内，6 号的 K_g 值小于 0.67，定性地描述 1 号和 5 号峰态为中等，即正态，2 号和 3 号为尖锐，6 号为很平坦。

结合粒径范围，对其沉积物进行分类，如表 7 所示。

表 7　沉积物分类

属　　性	泥 沙 样 品				
	1 号	2 号	3 号	5 号	6 号
平均粒径 $M_z(\Phi)$	-0.1414	-0.2120	-0.0976	0.4414	0.6070
平均粒径名称	极粗砂	极粗砂	极粗砂	粗砂	粗砂
沉积物名称（福克分类法）	砾质砂	砂质砾	砾质砂	砾质砂	砾质砂

注：由于实验时将小于 0.063 mm 的泥沙洗去，所以并无"泥"这一类沉积物，砂泥比取 1。

从表 7 可知，根据福克分类法，除 2 号样品为砂质砾，其余 4 个样品的分类结果均为砾质砂，表明 2 号样品的水动力条件为 5 个样品中最强的。以平均粒径为分类数据，对上述泥样进行命名，1 号、2 号和 3 号样品均为极粗砂，而 5 号、6 号样品为粗砂，也较好地反映了 5 号、6 号样品对应现场环境明显比 1 号、2 号、3 号水动力条件弱的情况。

同时，计算对应的 Y 值，相应计算方法同前，结果依次为：-17.5790，-16.6965，-16.6137，-26.3275 和 -22.9867。对应 5 个样品 Y 值均小于 -7.4190，可以判定其沉积环境以河流作用为主。

8）误差分析

本次误差分析，分别从系统误差、偶然误差和过失误差 3 个方面，对实验的全部过程进行总结，分析其误差来源，总结如表 8 所示。

表8　误差分析

误差类型	误 差 来 源	引发的结果	影响程度
系统误差	本次实验将小于0.063 mm粒径的泥沙过滤掉	对于后面沉积物分类有很大影响	较大
	冷却时间过短，泥沙样品未能完全冷却	称重后的泥沙在空气中吸湿，变重	较小
	粒度分析法采用的计算方法为图解法	对于Ⅱ类沉积物，图解法计算的平均粒径较矩值法低	较小
	Φ值的插值方法	本实验采用Matlab的线性插值法，其结果与采用样条插值、多项式插值存在差别	较小
	电子天平精度问题，其所显示的小数点后第4位一直波动	在读数时，小数点后第4位不准	较小
偶然误差	实验前的分次称重，及筛分结束后，对各层泥沙进行转移时，部分泥沙颗粒跳出	结果的质量误差偏大	较大
	取烧杯中的实验样品时，有部分同学并未搅拌、摇匀	各组算出的平均粒径存在差异	较大
	将小于0.063 mm的泥沙筛细后，进行贝壳和杂草的挑选，部分泥沙会黏滞在贝壳内	部分粒径的泥沙质量比重偏小	较小
过失误差	由于实验持续时间过长，实验者较为疲惫，可能读错、测错以及记错	粒径结果与其他组相差较大	较大

4. 探索与思考

（提示：自由发挥。根据以上分析，通过实验拓展自己对理论知识的进一步认识，包括理论上的概念、定义、现场环境的描述等，以及计算沉积物粒度参数的方法——图解法与矩值法的分析。）

参考文献

[1] 徐兴永，易亮，于洪军，等. 图解法和矩值法估计海岸带沉积物粒度参数的差异 [J]. 海洋学报，2010, 32 (2)：81–86.

[2] 卢连战，史正涛. 沉积物粒度参数内涵及计算方法的解析 [J]. 环境科学与管理，2010, 35 (6)：54–60.

报告样本4 滤膜恒重方法

海洋沉积动力学实验报告

实验名称：滤膜恒重方法

年级：_____   时　间：_____

姓名：_____   学号：_____   同组人：_____

---

1. 预习

（提示：预习了解滤膜恒重的概念与意义，增进对于抽滤的了解。）

2. 实验部分

（以下省略的部分参照相关实验内容，自行誊写。）

1）实验目的（略）

2）操作人和对象（略）

3）实验材料和仪器设备（略）

4）实验条件（略）

5）实验前准备（略）

6）实验步骤（略）

7）注意事项（略）

3. 数据处理与结果分析

1）原始数据

本次进行恒重实验的共有3组，其原始数据如表1所示。

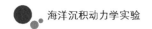

表1　恒重实验原始数据

组号	皿号	滤膜质量 m_0/g	第1次抽滤3次并烘干后质量 m_1/g	质量差 $(m_1 - m_0)/mg$	第2次抽滤3次并烘干后质量 m_2/g	质量差 $(m_2 - m_1)/mg$
第4组	1	0.0545	0.0534	−1.10	0.0534	0
	2	0.0637	0.0623	−1.40	0.0621	−0.20
	3	0.6060	0.0594	−1.20	0.0593	−0.10
	4	0.0694	0.0675	−1.90	0.0675	0
	5	0.0549	0.0538	−1.10	0.0539	0.10
	6	0.0652	0.0635	−1.70	0.0635	0
第10组	1	0.0660	0.0659	−0.10	0.0657	−0.20
	2	0.0672	0.0652	−2.00	0.0653	0.10
	3	0.0634	0.0627	−0.70	0.0627	0.00
	4	0.0645	0.0634	−1.10	0.0632	−0.20
	5	0.0623	0.0613	−1.00	0.0612	−0.10
	6	0.0659	0.0646	−1.30	0.0645	−0.10
第11组	1	0.0623	0.0617	−0.60	0.0617	0
	2	0.0585	0.0580	−0.50	未测量	0
	3	0.0597	0.0579	−1.80	0.0581	0.20
	4	0.0538	0.0524	−1.40	0.0525	0.10
	5	0.0637	0.0618	−1.90	0.0620	0.20
	6	0.0554	0.0541	−1.30	0.0543	0.20

本次实验中，受实验室条件限制，规定使用的纯净水用自来水取代。由于自来水中含较多杂质以及氯化物，部分较先进行实验的小组发现抽滤后滤膜变黄，可见水中的杂质会导致很大的实验误差。

2）结果分析

从表1可以看出，第1次过滤后，其质量差均为负值，证实滤膜表面的确存在可溶解物质或松散的小碎片，失重较为明显。进行第2次过滤后，3组恒重实验数据最终的质量差均小于或等于0.2 mg。第4组的2号滤膜、第10组的1号与4号滤膜，以及第11组的3号、5号和6号滤膜，在两次浸泡后的质量差达到0.2 mg，可见失重已明显减小，但仍未达到要求。如果时间允许，应进行第 3 次抽滤实验，以考察进一步的变化。另外，实验中滤膜上还残留了自来水中呈淡黄色的杂质，其真实失重结果应减去这些杂质的质量，意味着真实失重数值比目前的结果大。进行 6 次抽滤，滤膜仍未达到恒重。

滤膜的恒重实验及其空白对照实验对准确测定悬浮物质量相当重要。然而，通过浸泡过滤来恒重，烘干次数越多，滤膜的膜孔会变得越小，样品的过滤速度越慢，而且残余的部分会在以后测定样品时，一起随水样流走。实验测定因此产生负误差，使测定结果偏低。根据楼成林等的研究[1]，水洗处理后的滤膜恒重次数少于未水洗处理过的滤膜，一般水洗过的滤膜烘干 2 ~ 3 次就能达到恒重，而未水洗的滤膜要烘 4 ~ 5 次才能达到恒重，用纯净水做的空白对照试验表明，水洗过的滤膜绝大部分能达到 [-0.4, 0.4] mg/L。本次实验用水洗处理过的滤膜来分析，测定结果均在范围内。

以下这次实验进行了水洗浸泡，而且未使用自来水进行抽滤，其结果如表 2 所示。

表 2　第 12 组恒重实验原始数据

皿号	原滤膜质量/g	浸泡后烘干质量/g	质量差/mg
1	0.0802	0.0798	0.4
2	0.0760	0.0734	2.6
3	0.0730	0.0727	0.3
4	0.0710	0.0708	0.2
5	0.0761	0.0759	0.2
6	0.0651	0.0649	0.2

从表 2 可以很明显地看出，一次水洗浸泡后的质量差均较大，都大于或等于 0.2 mg，第 2 个滤膜的质量差甚至高达 2.6 mg，可见水洗、浸泡可以很有效地将滤膜上的有机溶剂、粉状物以及滤膜碎片除去。但由于缺乏经验，本次实验未进行第 2 次浸泡，以与第 1 次浸泡形成对照。

参照之后进行的自然过滤与抽滤对照实验的数据，发现样品质量浓度在 10 mg/L 以上（除个别实验结果小于 10 mg/L），0.2 mg 左右的失重对其实验影响不大。

对于滤膜恒重实验，汇总各组数据，可知有以下 3 种常见结果。

（1）质量变小：在高温浸泡过程中，滤膜上的不稳定化学物质以及黏在滤膜上的粉尘溶解在水中，滤膜被软化，滤膜孔打开，变得通透，原先堵住滤膜孔的粉尘溶解在水中，同时经过处理，滤膜的柔韧度增加。此种情况为正常情况。

（2）质量不变：有两种情况。①操作较为规范，本滤膜所含有的不稳定物质极少，故前后质量差极小；②两次浸泡时间均不够长，不稳定成分没有溶解掉，使得两次称重时滤膜质量均相同。

（3）质量增大：浸泡、抽滤所用水中含有较多的杂质，在浸泡、抽滤、烘干等过程中，杂质吸附在滤膜上，导致质量增加。也可能因为烘干后，滤膜未完全干燥冷却，滤膜吸收了空气中的水分，导致最后的称量结果增加。[2]

3）误差分析

本次误差分析，分别从系统误差、偶然误差和过失误差3个方面，对实验的全部过程进行总结，分析其误差来源。总结如表3所示。

表3　误差分析

误差类型	误 差 来 源	引 发 结 果	影响程度
系统误差	电子天平精度问题，其所显示的小数点后第4位一直波动	在读数时，小数点后第4位不稳定	较小
	本次实验未使用纯净水，而是用自来水代替	自来水本身含有一定量的杂质，会使滤膜变重变黄	较大
偶然误差	干燥冷却时间10 min过短，滤纸尚未完全冷却	称重后的滤膜在空气中吸湿变重	较小
	烘干后，从培养皿取出滤膜时，滤膜一部分黏在培养皿上	取出的滤膜破损，损失部分质量	较小
过失误差	进行烘干时，部分实验小组并未完全烘干便取出，进行冷却	滤膜上残留有水分，致使其质量增加	较大
	夹取滤膜时不慎将其戳破	直接破坏了滤膜的结构	较大
	3次抽滤过程中，不小心用小刀或镊子刮到滤膜	滤膜上的物质被刮下，质量减少	较大
	培养皿未清洗干净，培养皿及空气中的杂物会黏在滤膜上	称重后的滤膜沾染杂质，变重	较小

4）实验总结

对滤膜经恒重操作处理后所出现的情况总结如下。

（1）通过将滤膜浸泡、烘干，可洗去滤膜上一定量吸附的灰尘和可溶性化学物质，使得处理后滤膜质量减小。

（2）抽滤步骤是为了将纸屑、盐类等残留物质彻底除去，使处理后的滤膜质量减小。

（3）抽滤、浸泡时使用的纯净水中存在杂质，可能导致滤膜质量差出现负值，因为水中杂质残留在滤膜上，使处理后的滤膜质量增大。

（4）经烘干处理后的滤膜，若未完全冷却即进行称量，会吸收大量空气中的水分，导致处理后的滤膜质量增大。

（5）处理后滤膜质量未发生变化，可能有两种原因：一是操作较为规范，本滤膜所含有的不稳定物质极少，故前后质量差极小；二是本次实验仅进行了一次浸泡与烘膜，时间均不够长，不稳定成分没有溶解，导致两次称重滤膜质量相同。

4. 探索与思考

（提示：比如，哪些因素影响滤膜法测定悬浮物质量?）

参考文献

[1] 楼成林，周勤，方爱红. 滤膜法测定悬浮物的影响因素 [J]. 环境研究与监测，2008，21（3）：26 – 27.

[2] 喻丽红，刘楠. 滤膜法测定悬浮物出现负误差的原因研究 [J]. 环境科学导刊，2014，33（4）：88 – 90.

报告样本5　真空抽滤与自然过滤对比

海洋沉积动力学实验报告

实验名称：真空抽滤与自然过滤对比

年级：＿＿＿＿＿＿＿　　　　　　　　　时　间：＿＿＿＿＿＿＿

姓名：＿＿＿＿＿＿＿　　　学号：＿＿＿＿＿＿＿　　同组人：＿＿＿＿＿＿＿

---

1. 预习

（提示：了解抽滤与自然过滤的区别、优缺点、应用的条件等。）

室内悬沙浓度测量有抽滤和自然过滤两种方法。本次试验中的抽滤方法利用抽气泵降低抽滤瓶中的压强，快速实现固液分离目的。实验过程用到的过滤材料为微孔滤膜。与滤纸不同，微孔滤膜一般是利用溶剂蒸发形成的，其孔径较小且均匀，微孔孔径占的比例大，孔隙率高，一般微孔占膜总体积的80%，为具有一致的高交联孔径；同时，其韧度较好，不易破。自然过滤方法则是利用重力以及滤纸孔径的限制，使固液分离，其所用的过滤材料——滤纸由棉质纤维组成，一般规格的滤纸平均孔径较微孔滤膜大，实验中也更容易破损。

2. 实验部分

（以下省略的部分参照相关实验内容，自行誊写。）

1）实验目的（略）

2）操作人和对象（略）

3）实验材料和仪器设备（略）

4）实验前准备（略）

5）实验条件（略）

6）实验过程采样（略）

7）滤膜抽滤实验步骤（略）

8）自然过滤实验步骤（略）

3. 数据处理与结果分析

1）本组实验结果

本次实验结果如表1所示。

表1　自然过滤与抽滤对照实验结果

组员：＿＿＿＊＊＊＿＿＿　　　　　　　　　　　　　　　　　日期：＿＿＿＊＊＊＿＿＿

过滤方法	样品编号	浊度值/NTU	坩埚编号	坩埚重/g	样品体积/mL	样品毛重/g	样品净重/g	质量浓度/（mg·L⁻¹）	耗时/s
自然过滤实验	1	20	1	40.9027	142	40.9036	0.0009	6.3380	—
	3	63	2	37.9455	157	37.9540	0.0085	54.1401	—
	5	91	3	41.7308	141	41.7355	0.0047	33.3333	—
	7	300	4	32.4061	120	32.4212	0.0151	125.8333	—
	9	240	5	37.5227	105	37.5351	0.0124	118.0952	—
	11	180	6	39.8733	146	39.8838	0.0105	71.9178	—
抽滤实验	2	20	1	0.0798	143	0.0816	0.0018	12.5874	68
	4	63	2	0.0734	164	0.0792	0.0058	35.3659	1020
	6	91	3	0.0730	143	0.0802	0.0072	50.3497	1363
	8	300	4	0.0710	139	0.0982	0.0272	195.6835	2760
	10	240	5	0.0759	82	0.0901	0.0142	173.1707	840
	12	180	6	0.0651	164	0.0846	0.0195	118.9024	1980

由于实验失误，本次实验只对抽滤实验过程的时间进行了记录，因此无法对比两种方法的耗时水平。但从实验情况来看，对于浊度值较低的样品，抽滤实验速度较快，而当浊度值较大时，自然过滤实验所花时间较少。为了定量比较两者的耗时，后面将采用其他组的实验结果进行分析。

实验中还明显地发现，对于同一浊度值的浊液，抽滤实验和自然过滤实验所得的悬浮物浓度相差甚大，因此，关于这两种方法的对比与研究很有必要。

最终实验结果所得滤膜如图1所示，自然过滤最后采用的是燃烧法，将有机物燃烧殆尽，留下悬浮泥沙，实验时的直观感受便是剩余的物质较少，甚至现场部分组别的坩埚中几乎看不到物质残留。图 2 为自然过滤第 11 组样品，从该图可以很明显地看出，其过滤情况并不理想（图 3 为其俯视图，实验步骤正确）。图 4 是两种过滤方法实验结果对照，根据图 4，对照两种方法的滤液可以看出，使用抽滤法，其过滤效果明显较好，所得滤液较为清澈。

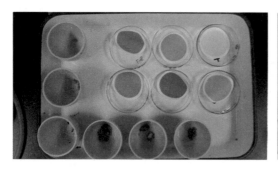

图 1　最终实验现场情况

图 2　第 11 组样品自然过滤现场情况

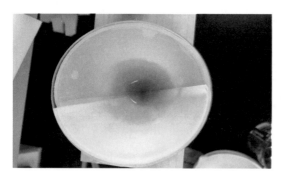

图 3　第 11 组样品自然过滤俯视

图 4　自然过滤与抽滤实验结果对照

2）结果分析

首先，必须明确浊度值和悬浮物浓度的概念及其关系[1]。NTU 为浊度单位，行业规定 1 L 纯净水中含 1 mg Formazine 聚合物（硫酸肼与六次甲基胺聚合生成）所产生的浊度为一个浊度单位——1 度，1 NTU 相当于 1 度。通常，浊度并不等同于悬浮物浓度。悬浮物浓度一般是指单位水体中可以用滤纸截留的物质的量。而浊度则是一种光学效应，它指示光线透过水层时受到阻碍的程度，这种光学效应与颗粒的大小、形状、结构和组成有关。

浊度与悬浮物浓度之间存在内在的联系。水的悬浮物浓度越高，反射光和散射光就越强，浊度越高；反之，反射光和散射光越弱，浊度越低。本次实验利用线性回归分析方法对其分别进行分析，结果如表 2 所示，x 为抽滤实验所得浓度或自然过滤实验所得浓度，y 为浊度。

表2　两种方法所测浓度与浊度的线性回归对比

过 滤 方 法	R^2相关系数	回 归 方 程
抽滤	0.9906	$y = 1.4221x + 10.099$
自然过滤	0.9178	$y = 2.2205x + 2.6057$

根据表2可以看出，两个回归方程的R^2均大于0.9，其中，抽滤实验的回归分析R^2值最大，为0.9906。R^2又称为方程的相关系数（coefficient of determination），表示方程中变量x对y的解释程度。R^2取值在0～1之间，越接近1，表明方程中x对y的解释能力越强。按照描述标准[2]，这两个回归方程的相关系数落于0.8～1的区间，因此，可以确定为强相关，即两种方法均为可取。同时，通常将R^2乘以100%来表示回归方程解释y变化的百分比。抽滤实验的浓度对浊度值的解释能力最强，能解释99.06%的浊度值变化程度，而自然过滤实验结果只能解释91.78%的浊度值变化程度，因此，抽滤方法所得的浓度值可信度更高。

3）汇总实验数据

全班共有12组进行了两次实验，其中，3组进行了滤膜恒重实验，分别是第4组、第10组和第11组；4组完整记录了两个对照实验的耗时，分别是第4组、第8组、第10组和第11组。汇总全部数据，作表3。由表3可以看出，对于同一浊度值的样品，采用相同的过滤方法，不同操作者得出的结果仍相差较大。其中第4组、第10组与第11组进行了恒重实验，结果应较为准确，而且以上3组均对2个实验的耗时进行了记录，因此，这3组的数据具有较好的参考价值。以第10组为例进行分析，结果如表4所示。

由表4可以看出，抽滤实验结果对应的R^2值为0.9755，明显高于自然过滤的R^2值0.7022，表明抽滤实验的结果与浊度值的相关性较好，即精度较高。

然而，R^2值只是考察样本的回归效果，假如要从样本推广到整体，仍需进行进一步的分析，即皮尔逊检验。皮尔逊检验属于非参数检验，是指在总体分布未知的情况下，对总体的有关特性进行假设检验。本实验需要由样本结果推算整体关系，因此，需要进行皮尔逊检验。

表5和表6分别是对第10组数据的抽滤实验结果、自然过滤结果及其与浊度值关系的分析。分析采用SPSS软件，检验方法为皮尔逊双侧检验。

由表5、表6可以看出，抽滤结果与浊度值的皮尔逊相关性为0.988，比自然过滤的结果大，该值代表了相关的强度，即两个变量共变性的程度，可见抽滤结果与浊度值相关的强度比自然过滤的大。另外，抽滤方法的显著性水平为0.01，小于自然过滤的显著性水平0.05，表示其相关的显著性比自然过滤的明显，即在当前的样本下可以观察到这两种方法对应的变量相关性均存在统计学意义，两种方法均可行，但是抽滤方法更可取。

表3　汇总全部数据

相应样品质量浓度/(mg·L^{-1})

过滤方法	浊度值/NTU	第1组	第2组	第3组	第4组	第5组	第6组	第7组	第8组	第9组	第10组	第11组	第12组
抽滤	20	12.3377	NaN*	9.4595	14.8515	13.7255	8.3333	11.4865	12.2807	3.4014	13.1661	14.2857	12.5874
	63	44.3548	NaN	33.0882	44.6281	36.1446	30.9211	45.6693	34.1270	32.1678	38.3648	36.7470	35.3659
	91	52.7132	NaN	47.8873	57.7465	60.9756	47.3333	52.2059	49.2308	20.8333	52.5822	58.4000	50.3497
	300	188.8889	166.1184	177.1930	168.7500	189.1566	158.0645	200.7246	188.6792	134.3949	175.2212	192.6829	195.6835
	240	150.6944	NaN	137.6147	152.0833	160.2273	139.6552	151.0345	170.1923	165.0000	168.1818	167.0455	173.1707
	180	121.5278	106.5292	93.7500	114.8438	113.8462	93.2203	117.4242	127.3585	118.9655	123.5521	115.7407	118.9024
自然过滤	20	27.4194	19.2995	8.6667	13.0435	16.1765	33.5616	21.9178	12.9310	13.0137	16.3009	20.0000	6.3380
	63	43.2432	35.8423	83.0645	43.6508	17.3077	63.0252	41.0959	24.5902	23.3333	50.8361	55.8140	54.1401
	91	52.0548	61.2648	100.6757	53.2374	57.9310	107.0000	55.1724	46.5517	111.9718	110.3448	79.3333	33.3333
	300	171.9697	144.3515	256.2500	206.7227	134.5588	223.0769	193.3333	150.9259	113.2653	135.4260	220.9877	125.8333
	240	177.7027	218.3365	230.0000	147.0000	225.7813	189.7727	64.7059	96.6102	61.3445	183.9080	144.6667	118.0952
	180	122.3602	149.4893	124.4604	110.4000	22.9630	119.1489	75.7353	78.7037	52.5000	95.9016	116.9643	71.9178

注：*NaN 表示失败数据。

表4　两种方法所测浓度与浊度的线性回归对比

过 滤 方 法	R^2相关系数	回 归 方 程
抽滤	0.9755	$y = 0.6316x + 1.0680$
自然过滤	0.7022	$y = 0.4590x + 30.3990$

表5　抽滤结果的皮尔逊检验

项 目		抽 滤 结 果	浊 度 值
抽 滤 结 果	Pearson 相关性	1	0.988*
	显著性（双侧）	—	0.000
	n	6	6
浊 度 值	Pearson 相关性	0.988*	1
	显著性（双侧）	0.000	—
	n	6	6

注：＊为在 0.01 水平（双侧）上显著相关。

表6　自然过滤结果的皮尔逊检验

项 目		自然过滤结果	浊 度 值
自然过滤结果	Pearson 相关性	1	0.838*
	显著性（双侧）	—	0.037
	n	6	6
浊 度 值	Pearson 相关性	0.838*	1
	显著性（双侧）	0.037	—
	n	6	6

注：＊为在 0.05 水平（双侧）上显著相关。

此时，对照第10组两个实验的耗时情况（如表7所示），对于相同浊度值的样品，抽滤所耗时间明显比自然过滤短。

总之，抽滤实验不仅所得结果与浊度值有较好的相关关系，实验耗时也较短。

4）滤膜恒重实验对抽滤结果的影响

将第12组（使用纯净水进行一次浸泡和抽滤）的数据与进行了恒重实验的第10组（使用自来水进行两次浸泡和抽滤）进行比较，如表8所示。

表7　第10组实验的耗时

过滤方法	样品号	浊度值/NTU	质量浓度/(mg·L^{-1})	耗时/min
抽滤	A1	20	13.1661	1.5
	B1	63	38.3648	2
	C1	91	52.5822	2
	D1	300	175.2212	20
	E1	240	168.1818	20
	F1	180	123.5521	20
自然过滤	A2	20	16.3009	30
	B2	63	50.8361	35
	C2	91	110.3448	36
	D2	300	135.4260	40
	E2	240	183.9080	70
	F2	180	95.9016	45

表8　两组实验测量浓度与浊度的回归情况

组　　别	R^2相关系数	回归方程
第10组	0.9755	$y = 0.6316x + 1.0680$
第12组	0.9906	$y = 0.6966x - 6.1131$

进行了恒重实验的第10组，其R^2值反而比未进行两次浸泡、抽滤实验的第12组低，原因便是第10组进行恒重实验所用的液体为自来水，自来水含有较多杂质。而第12组使用纯净水进行浸泡，既不引入其他杂质，又能吸除滤膜上的杂质，达到一部分恒重效果，这与冯胜[2]的结论相符。

滤膜恒重的意义在于：通过反复的浸泡加热、抽滤和烘干，除去滤膜中不稳定物质，提高滤膜的柔韧性，增加其稳定性，增强孔径的均匀程度，使滤膜质量在不同条件下始终保持恒定，不影响后续实验的精度。然而，如果恒重实验未使用纯净水，结果仍然会有偏差。

5）误差分析

本次过滤实验中，各组均出现了较大误差。误差分析如下。

（1）称重时使用了不同的电子天平，不同的电子天平对同一样品进行称重，会出现不同的结果，因此，产生一定的误差。

（2）将盛有滤纸的坩埚放入电炉中加热灼烧时，灰烬逸出，最终导致测量结果变小。

（3）烧杯质量与沙样质量相差极大，烧杯远重于沙样重，两者之间的相对质量差异会导致读数上的误差，对实验结果影响更大。

（4）实验时将水样全部加入漏斗中后，虽用纯净水清洗了盛液烧杯，但仍可能有少量泥沙残留在烧杯中，导致测量结果变小。

（5）漏斗壁上、滤纸周围泥沙中的盐分可能没有冲洗干净，导致测量结果变小。

（6）实验中可见自然过滤后的水样仍浑浊，推测由于滤纸质量以及人为操作问题，并未将水样过滤完全，部分沙样随水流流入烧杯中。每一个样品泥沙损失值不同，对实验结果产生较大误差。

4. 探索与思考

（提示：抽滤法和自然过滤法相比，有哪些优势？滤膜和滤纸有何差别？滤膜孔径如何选择？）

参考文献

[1] 盛强. 散光式浊度仪及信号处理研究 [D]. 太原：太原理工大学，2007.
[2] 冯胜. 提高测定水中悬浮物准确率的方法 [J]. 化学工程与装备，2011，10（10）：204 - 205.

报告样本 6　泥质沉积物沉析法

海洋沉积动力学实验报告

实验名称：泥质沉积物沉析法

年级：_____　　　　　　　　　时　间：_____

姓名：_____　　　学号：_____　　同组人：_____

1. 预习

（提示：了解沉析法原理，深入理解泥沙沉降公式等背景知识。）

2. 实验部分

（以下省略的部分参照相关实验内容，自行誊写。）

1）实验目的（略）

2）操作人和对象（略）

3）实验材料和仪器设备（略）

4）实验条件（略）

5）实验前准备（此部分由教师进行）

6）实验步骤（略。第1、第2两步留在最后一个样品等待的时候处理）

7）注意事项（略）

3. 数据处理与结果分析

1）原始数据

本次实验选取研究的泥沙粒径分别为 0.063，0.032，0.016，0.008，0.004 和

0.002 mm。在搅拌均匀后，进行一次初始取样作为整体浓度，具体数据如表1所示。

相关实验过程及成果如图1至图6所示。

表1 移液管法记录表

组员：＿＿＊＊＊＿＿　　　　　　　　　　　　　　　　　日期：＿＿＊＊＊＿＿

粒径 /mm	吸样深度/cm	吸样容积/mL	杯号	膜重/g	总质量/g	净沙重/g	小于某粒径沙重累计百分数/%	校正后粒径沙重累计百分数/%
均匀代表样	—	25.00	1	0.0889	0.2039	0.1150	—	—
0.063	25	24.10	2	0.0710	0.1797	0.1087	98.0516	100.0000
0.032	20	26.00	3	0.0789	0.1947	0.1158	96.8227	98.7467
0.016	15	20.80	4	0.0770	0.1663	0.0893	93.3319	95.1866
0.008	10	25.50	5	0.0735	0.1731	0.0996	84.9105	86.5978
0.004	5	8.80	6	0.0766	0.1025	0.0259	63.9822	65.2536
0.002	3	8.00	7	0.0782	0.0970	0.0188	51.0870	52.1021

注：①校正系数 $= \dfrac{100}{\text{各粒级实测频率之和}(\sum f)}$，各级粒径的实测频率为校正前某粒径沙重百分数之和，

即为0.063 mm处所对应的小于该粒径沙重的百分数。所以，本次实验中校正系数为$100/98.0516 \approx 1.02$。

②校正后某粒径沙重累计百分数＝小于某粒径沙重累计百分数×校正系数。

图1　底泥筛分过程

图2　底泥筛分结果

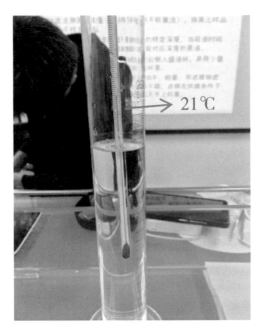

图 3　温度计示数

图 4　温度读取的简易装置

图 5　部分抽滤结果

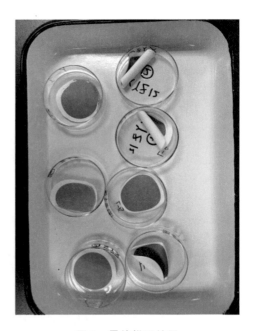

图 6　最终烘干结果

2）结果分析

（1）绘制粒径分级质量分数柱状图：以泥沙粒径分级为横轴，该粒径泥沙所占质量分数为纵轴，绘制其粒径分级质量分数柱状图，如图 7 所示。

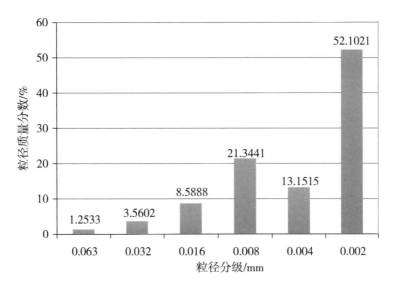

图7　粒径分级质量分数柱状图

（2）绘制累积频率图：以泥沙粒径分级为横轴，校正后的小于某粒径沙重累积频率为纵轴，绘制累积频率图，如图8所示。

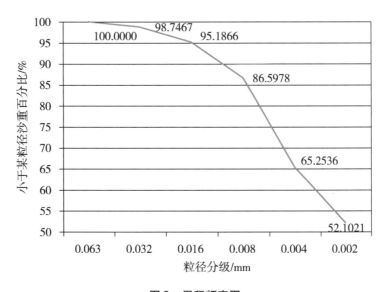

图8　累积频率图

（3）分析：从图7可以明显地看出，小于0.002 mm的泥沙颗粒质量累积分数最多，为52.1021%，0.004～0.008 mm的泥沙次之，为21.3441%，而0.002～0.004 mm、0.008～0.016 mm、0.016～0.032 mm、0.032～0.063 mm的泥沙含量依次减少，其中，0.032～0.063 mm的含量最少，为1.2533%。整体含量波动情况呈"两峰一谷"。根据表1-3-1的分类标准可以得知，0.004～0.063 mm的部分为粉砂，

小于 0.004 的为黏土和胶体。本次实验所用样品的黏土和胶体含量较多，略微超过 50%，导致其抽滤时间明显较长。

同样，从图 8 可以看出，小于某粒径质量累积百分数曲线 0.008 ～ 0.063 mm 之间斜率的绝对值较小，下降速度较慢，到了 0.004 ～ 0.008 mm 之间时，斜率绝对值增大，对应图 7 的次高峰，而后其值又减小，最后，小于 0.002 mm 的泥沙占 52.1021%。

（4）利用特征值进行定性分析[1]：采用 Matlab 的 spline 插值方法，精确计算出 Φ_5，Φ_{16}，Φ_{25}，Φ_{50}，Φ_{75}，Φ_{84}，Φ_{95} 的数值，结果如表 2 所示。

表 2 Φ 值统计

统计参数	Φ_5	Φ_{16}	Φ_{25}	Φ_{50}	Φ_{75}	Φ_{84}	Φ_{95}
对 应 值	37.51	25.44	18.5	9.27	7.67	7.20	5.99

根据相应公式，计算粒度特征值，如表 3 所示。

表 3 粒度特征值

统计参数	中值粒径 Φ_{50}	平均粒径 M_z（Φ）	分选系数 σ_i（Φ）	偏态 S_{ki}（Φ）	峰态 K_g（Φ）
参 数 值	9.27	13.97	9.34	0.78	1.19

根据福克沉积物分类法的定义，本次实验的对象（粒径小于 0.063 mm 的沉积物）为泥（mud）。其中值粒径 Φ_{50} 在 8 ～ 10 之间，而平均粒径 M_z（Φ）>10，结合表 1 - 3 - 1 的分类标准，可判断其为由黏土和胶体组成的泥。以小于 0.063 mm 这一部分的泥沙为研究对象，其分选系数大于 4.00，可以定性地描述为分选极差；偏态值落在 0.3 ～ 1.0 这一区间内，为极正偏；峰态值处于 1.11 ～ 1.56，可见峰态尖锐。

然而，仅研究粒径小于 0.063 mm 这一部分泥沙，实验者无法对其沉积环境进行判断，应结合粒径大于 0.063 mm 的泥沙筛分结果进行整体分析。

3）误差分析

本实验存在系统误差、偶然误差和过失误差，具体误差分析结果如表 4 所示。

表 4 误差分析

误差类型	误 差 来 源	引 发 结 果	影响程度
系统误差	滤膜干燥冷却时间 10 min 过短	滤膜在空气中吸湿，变重	较大
	进行沉降实验时，要求装置放置在完全静止的平台上，但是由于操作台同时在进行抽滤，无法满足此条件	泥沙的沉降受到干扰，速度减慢	较大

续表4

误差类型	误差来源	引发结果	影响程度
系统误差	在吸取并转移各深度对应样品时，部分浑液黏在移液管上，虽已读取体积，但仍将其表面和内部的残留液体洗下	结果出现偏差	较大
	Φ 值的插值方法	本实验采用 Matlab 线性插值，其结果与样条插值和多项式插值存在一定差别	较小
	仪器本身的精度问题。如本实验所用的电子天平精确到小数点后 4 位，然而实际操作时发现，小数点后第 3 位和第 4 位一直在浮动	对于小数点后第 3、第 4 位的数据无法确定	较小
偶然误差	在筛分、转移小于 0.063 mm 的整体泥样时，部分浑液溅出	细颗粒泥沙的含量减少，其相应比重降低，而粗颗粒的相应比重增加	较小
	抽滤瓶最后一次润洗不完全，仍有泥沙样品残留	对应粒径的泥沙质量分数变小	较大
	拔出抽滤瓶时，部分泥沙黏在抽滤瓶口	对应粒径的泥沙质量分数变小	较大
	取实验样品时，未能取均匀	各级粒径比重与实际情况不符	较大
	相应规范规定了各粒径对应的操作时间和深度，但由于操作者个人原因导致时间和深度出现明显偏差	各级粒径比重与实际情况不符	较大
过失误差	实验中使用移液管吸取样品时，要求一次完成，但因操作者个人原因导致在同一位置重复吸取又释放	整体样品被搅浑，其后续操作对应的各级粒径比重与实际情况不符	较大
	前两个样品的提取时间间隔较小，实验人员无法按照表格时间准时提取	第 2 个所提取的样品其筛下累积频率对应的粒径偏低	较大
	实验持续时间过长，实验人员较为疲惫，可能读错、测错以及记错	实验结果与实际情况不符	较大

4）实验总结

从实验可知，吸液管法的基本原理是测定作为沉降时间函数的某一预定深度处悬浮液的浓度值。而悬浮液的浓度变化，服从于静水中质点的沉降规律，即斯托克斯定律[2]。在实验时，按不同粒径的泥沙颗粒沉降一定距离所需时间，提取一定量的悬

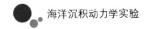

液，烘干，称重，计算可以得到量筒内小于某粒径泥沙颗粒的质量及其在全部泥沙样品中所占的百分含量。

由于受很多条件约束，实验结果存在较多误差。为了得到较高精度的实验结果，应改进实验的方法和装置[3]，比如，利用专门的吸液管吸取特定深度的悬浮溶液，而对于吸液管的规定可参照 GB/T 21780—2008《粒度分析　重力场中沉降分析吸液管法》。

4. 探索与思考

（提示：思考吸液管法的具体应用和推广情况以及粒径参数的分析应用等。）

参考文献

[1] FOLK R L, WARD W C. Brazos River Bar：a study in the significance of grain size parameters [J]. Journal of sedimentary petrology, 1957（27）：3 – 26.

[2] 陈曦. 长江口细颗粒泥沙静水沉降试验研究 [D]. 青岛：中国海洋大学, 2013.

[3] 马艳霞，冯秀丽，叶银灿，等. 比重计法和吸液管法粒度分析比较 [J]. 海洋科学, 2002（6）：63 – 64.

报告样本 7　悬沙浓度的测量与标定

海洋沉积动力学实验报告

实验名称：悬沙浓度的测量与标定

年级：＿＿＿＿＿＿　　　　　　　　　时　间：＿＿＿＿＿＿

姓名：＿＿＿＿＿＿　　学号：＿＿＿＿＿＿　同组人：＿＿＿＿＿＿

---

1. 预习

（提示：了解泥沙浓度的测量方法、OBS 浊度设备测量原理和泥沙浓度的回归标定方法。）

2. 实验部分

（以下省略的部分参照相关实验内容，自行誊写。）

1）实验目的（略）

2）操作人和操作对象（略）

3）实验材料和仪器设备（略）

4）实验前准备（略）

5）实验条件（略）

6）实验步骤（略）

3. 数据处理与结果分析

1）原始数据

本次实验的研究对象为浊度值在 10～800 NTU 之间的样品。由于取样时浊度值波动较大，所以未能使其在 10～800 NTU 之间均匀分布，但本次实验尽量做到测量的相邻两个浊度值相差 50 NTU 左右，如表 1 所示。

由于操作问题，本次实验无法保证测量顺序从最低的浊度值开始逐步往上增加，而是根据浊度需求，通过反复加泥样或纯净水来实现浊度配制。

表1 悬沙标定实验数据

组员：＿＿＊＊＊＿＿   日期：＿＿＊＊＊＿＿

编号	浊度值/NTU	耗时/s	皿号	滤膜重/g	体积/mL	滤膜毛重/g	滤膜净重/g	质量浓度/(mg·L^{-1})
4	42	311	4	0.0705	132	0.0762	0.0057	43.1818
3	80	378	3	0.0851	148	0.0977	0.0126	85.1351
14	106	284	15	0.0763	84	0.0841	0.0078	92.8571
2	152	500	2	0.0735	99	0.0973	0.0238	240.4040
13	188	187	14	0.0777	102	0.0953	0.0176	172.5490
1	213	480	1	0.0813	94	0.1045	0.0232	246.8085
5	254	670	5	0.0800	100	0.1090	0.0290	290.0000
6	309	1583	6	0.0720	126	0.1104	0.0384	304.7619
12	380	178	13	0.0834	76	0.1050	0.0216	284.2105
9	410	1550	16	0.0837	96	0.1205	0.0368	383.3333
15	454	167	8	0.0731	68	0.1011	0.0280	411.7647
11	504	454	12	0.0683	86	0.1087	0.0404	469.7674
8	604	3023	18	0.0819	112	0.1478	0.0659	588.3929
7	703	1426	7	0.0728	92	0.1422	0.0694	754.3478
10	755	752	11	0.0642	75	0.1340	0.0698	930.6667

2）实验结果

实验结果如图1与图2所示，其烘干后的滤膜颜色与其样品本身的浓度和实验时所选取的样品体积有关。

图1 实验抽滤结果（15个样品）

```
                                    →
        1，2，3，4，5

        6，7，8，9，10

        11，12，13，14，15
                                    ↓
```

图2 抽滤结果对应顺序

3）实验结果分析

为检验 OBS 的实际工作精度，对浊度值 x 与实际抽滤结果 y 进行线性回归分析，得到其对应的回归方程、相关系数和显著性水平：

$$y = 1.0709x - 14.755$$
$$R^2 = 0.9400$$
$$p < 0.05$$

式中：R^2 值为相关系数，其中，R 分布区间为 [-1, 1]，点的分布在回归线上下越离散，R 的绝对值越小。当样品数值都越接近回归线时，相关系数的绝对值越接近 1，相关越密切；越接近于 0，则相反。当 $R = 0$ 时，说明 x 和 y 两个变量之间没有线性相关性。通常 $|R| > 0.8$ 时，认为两个变量有很强的线性相关性[1]。

结果表明，OBS 的浊度值与悬沙浓度有很强的线性相关性，同时，其通过的显著性检验水平为 0.05，即表示这条曲线可以代表 95% 以上的样品与浊度值的特性，反映回归效果具有显著性。

4）误差分析

本实验的误差包括系统误差、偶然误差和过失误差，具体误差分析结果如表 2 所示。

表 2　误差分析

误差类型	误差来源	引发结果	影响程度
系统误差	规范要求不断搅拌，等到度数相对稳定后，需连续记下 15～20 个浊度数值。记录的每一组 OBS 浊度值之间均存在一定波动，为减少相对误差，对记录的多组浊度值进行算术平均；而本实验未做到	所得的浊度值与实际样品的浊度值存在偏差	较大
	本实验对应取样为 15 个，样品容量较少，同时，其范围只是在 10～800 NTU 之间	对 OBS 浊度仪的标定存在误差，同时对大于 800 NTU 的浊度值未有很好的代表意义	中等
	仪器本身的精确度问题。如本实验所用的电子天平精确到小数点后 4 位，然而实际操作时发现，小数点后第 3 位和第 4 位一直在浮动	对于小数点后第 3 位和第 4 位的数据无法确定	较小
偶然误差	本实验取实验样品进行浸泡时，未能均匀取样	粒径比重与实际情况不符	较大
	选取泥沙浑液时，由于人为因素干扰，水体存在扰动，浊度仪读数不稳定，且取水口并未在浊度仪探头附近	实际样品的浊度值与所读的浊度值存在明显偏差	较大

续表2

误差类型	误差来源	引发结果	影响程度
偶然误差	测量完体积，转移浑液至烧杯以及后续转移至抽滤瓶时，未将壁上的残留物全部洗下	较多粗颗粒的泥沙附着在壁上，导致抽滤所得的泥沙浓度值明显偏低	较大
	抽滤过程中，由于未将瓶盖盖上，有部分异物落入瓶中	称量结果偏重	较大
	抽滤瓶最后一次润洗不完全，仍有泥沙样品残留	抽滤所得的泥沙浓度值偏低	较小
	拔开抽滤瓶时，部分泥沙黏在抽滤瓶口	抽滤所得的泥沙浓度值明显偏低	较大
	滤膜进行烘干后，未在干燥皿中冷却完全	滤膜吸湿变重，结果偏大	较大
	进行滤膜称重时，未将滤膜放置在称量台中央位置	实验称量结果存在偏差	较小
过失误差	实验持续时间过长，实验者较为疲惫，可能读错、测错以及记错	实验结果与实际情况不符	较大

5）实验总结

本次实验旨在让学生初步了解OBS浊度仪的测量原理及其标定方法。通过实验可以清楚地发现，除了仪器本身的精度问题以外，实验结果在很大程度上受人为操作的影响，但回归曲线的相关系数 R^2 和显著性检验结果均显示OBS的测量精度较高。不过应注意，OBS只能观测传感器附近的悬沙浓度，是一种仅限于点和线的观测，如果与声学仪器ADCP结合，有望获得较高时空分辨率的悬沙浓度信息[2]。

4. 探索与思考

（提示：思考浊度仪测量浊度值的来源以及回归标定方法的选取。）

参考文献

[1] 董凤鸣，周萍. EXCEL在一元线性回归分析中的应用［J］. 科技信息，2007（12）：144 - 146.

[2] 魏晓，汪亚平，杨旸，等. 浅海悬沙浓度观测方法的对比研究［J］. 海洋地质与第四纪地质，2013，33（1）：161 - 170.

附　　录

附录1　概率累积折线图画法

1. Excel 画法

以图1-3-9为例，基于Excel 2013版本软件说明具体画法。

（1）建立概率累积图的框架，即 Y 轴，如附图1所示。

方法如下：

a. 新建 Excel 文件，在 A1：A17 单元格内输入数字 0，在 B1：B17 单元格内依次输入所要标识的概率数值"99.99，99.9，99，95，90，80，70，60，50，40，30，20，10，5，1，0.1，0.01"。

b. 选中 C1 单元格后，选择上方菜单命令"公式"下的"其他函数"，进一步选择"统计"里面的"NORM. S. INV 函数"，在弹出的窗口里面的"Probability"右边空格处填入"B1/100"，点击"确定"，此时 C1 中出现一个数值"3.72"。将光标移至 C1 单元格的右下角至其变为"✚"，向下拖动至 C17，则 C1 至 C17 所有单元格内均生成函数值。再全选 C1 至 C17，右击，选择"设置单元格格式"，在"数字"的命令窗口下，选择"数值"，设置"小数位数"为2。

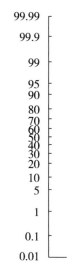

附图1　Y 轴效果
显示

c. 选中 A1：A17 与 C1：C17，选择上方"插入"菜单下"图表"右下角的"⌐"符号，选择"XY（散点图）"里面的第一项，并选择"确定"。

d. 单击 Y 轴，并右击，选择"设置坐标轴格式"，将边界"最大值"和"最小值"分别设置为"3.72"和"-3.72"，并设置"横坐标轴交叉"为"坐标轴值"："-3.72"。

e. 在 d 步骤的操作界面下方，找到"刻度线标记"，将里面的"主要类型"和"次要类型"都选择"无"；同时找到"标签"，将里面的"标签位置"也设置为"无"。

f. 此时显示的标签为圆点，单击其中一个圆点，即可选中全部圆点，此时右击，选择"设置数据系列格式"，按照如附图 2 所示设置。

附图 2　设置数据系列格式

g. 单击图上数据点标签"–"，并右击，使得光标变为"✛"。右击选择"添加数据标签"，此时在数据点的一侧出现一系列数据。将光标移到其中一个数据上，单击选中全部标签后右击，选择最下方的"设置数据标签格式"，在"标签选项"下的"标签包括"里面取消"Y 值"前的勾选，并勾选"单元格中的值"。在弹出的命令框中，选择数据 B1：B17，点击"确定"，并在"标签位置"下方选择"靠左"。此时显示并不美观。单击图表中间的空白处，选择图表，将光标移至图表左侧，将图表往右缩小，使得数据标签刚好全部显示在坐标轴左侧。

h. 进一步美化，在上方命令菜单的"设计"中选择"添加图表元素"，选择"网格线"，进一步取消图表的网格线显示，同时，点击 Y 轴，右击选择"设置坐标轴格式"，按照如附图 3 所示操作，将坐标轴显示为实线，并对 X 轴进行同样操作，最后，就可以得到如附图 4 所示框架图。

附图 3　设置坐标轴格式

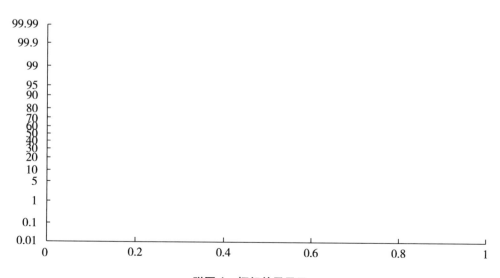

附图 4　框架效果显示

（2）将各样品的筛上累积质量数据和对应的粒径（Φ）准备好，如附表1所示。

附表1　步骤（2）数据准备

$-\log_2 d$ （d 为泥沙粒径）	样品 1 筛上累积质量比例/%	样品 5 筛上累积质量比例/%	样品 6 筛上累积质量比例/%	样品 1 筛上累积质量比例对应正态分布值	样品 5 筛上累积质量比例对应正态分布值	样品 6 筛上累积质量比例对应正态分布值
−2.000	0.001	0.001	0.001	−4.26	−4.26	−4.26
−1.000	53.346	24.016	6.564	0.08	−0.71	−1.51
−0.485	75.385	41.438	13.396	0.69	−0.22	−1.11
0.000	81.870	50.578	17.748	0.91	0.01	−0.93
0.494	89.660	65.147	28.454	1.26	0.39	−0.57
1.000	93.746	75.153	39.724	1.53	0.68	−0.26
1.494	95.195	77.945	45.070	1.66	0.77	−0.12
2.000	96.287	79.857	51.967	1.79	0.84	0.05
2.474	97.678	83.217	72.077	1.99	0.96	0.59
3.000	98.862	89.851	90.377	2.28	1.27	1.30
3.474	99.632	97.107	98.116	2.68	1.90	2.08
3.989	99.999	99.999	99.999	4.26	4.26	4.26

注：正态分布值即为上文步骤（1）中的"b"操作，使用 NORM. S. INV 函数。

（3）单击步骤（1）所画出的图表，右击选择"选择数据"中的"添加"，"系列名称"填"样品1"，X 系列值选择"$-\log_2 d$（d 为泥沙粒径）"该列的数据，Y 系列值选择"样品1筛上累积质量比例对应正态分布值"该列的数据，点击 X 轴，右击选择"设置坐标轴格式"，将"纵坐标交叉"选择为"坐标值"，右边填入"−2"（即最小值），并将步骤（1）中用的数据 A1：A17 全部更改为 −2，此时第一个样品的点已经画好，如附图5所示。

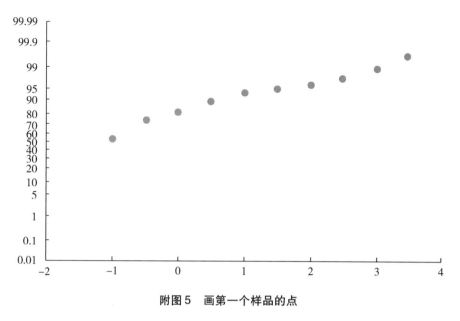

附图5 画第一个样品的点

（4）再选中图表，选择添加数据，"系列名称"填"样品5"，X 系列值选择
"$-\log_2 d$（d 为泥沙粒径）"该列的数据，Y 系列值选择"样品5 筛上累积质量比例
对应正态分布值"该列的数据；同样操作可添加样品6 的数据，并添加图例。若此时
样品5 和样品6 的图表类型与样品1 的图表类型有差异，可通过选中一个样品的数据
点，右击选择"更改系列图表类型"，按附图6 操作，确定样品5 和样品6 的图表类
型均为散点图。

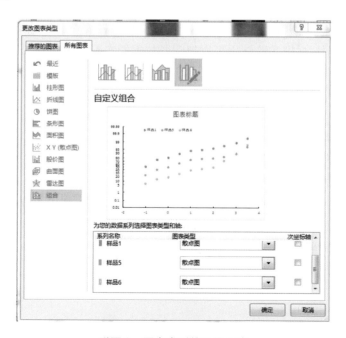

附图6 图表类型的设置示意

（5）根据实际图像判断各样品的推移、跃移和悬移组分对应的点，大致拟合出相应直线，并添加横纵坐标轴的名称，如附图7所示。

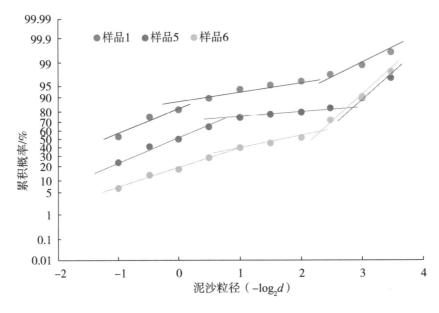

附图7　最终效果图

2. Grapher 的画法

数据与 Excel 画法相同，基于 Grapher 10.0 版本软件说明画法，以样品6为例，并将概率分布和累计频率曲线绘制在同一张图上。

（1）准备数据：根据实验结果可以得到各粒组的实际质量，在 Excel 中数据排列为11行3列，对其进行行操作，增加一行作为第一行，A2 为 4，B2 为 0；接着在 C 列对应采样点6的筛下累积质量比例，C2 设置为函数 SUM（$B2：$B$13）* 100/SUM（$B$2：$B$13），C3 设置为 SUM（$B3：B13）*100/SUM（B2：B13）……依次到 C12 设置为 SUM（$B13：$B$13）*100/SUM（$B$2：$B$13），此时即可获得样品6粒径对应的筛下累积质量（如附表2所示），这里必须注意，C2 应更改为 99.999。

（2）导入数据：打开 Grapher，便会直接生成空白的 Worksheet1 和 plot1 显示窗口，在 Excel 中，选择"粒径"和"筛下累积质量比例"列下面的数据（即 A2：A13 与 C2：C13），复制，在 Worksheet1 第一行第一列位置中右击，选择"Paste"，直接粘贴（如附表2所示）。

附表 2　数据准备情况

粒径	粒级质量/g	筛下累积质量比例/%
4	0	99.999
2	0.7889	93.43617
1.4	0.8212	86.6036
1	0.5230	82.25212
0.71	1.2867	71.54648
0.5	1.3546	60.2759
0.355	0.6425	54.93015
0.25	0.8290	48.03268
0.18	2.4170	27.92269
0.125	2.1994	9.623177
0.09	0.9302	1.8837
0.063	0.2264	0

（3）画图：

a. 先在显示窗口中单击"Worksheet1"操作单元，使用鼠标使实验数据全部被选中，此时，在菜单"Graphs"下选择"Basic"中的散点图，此时自动生成 Plot2（如附图 8 所示）。

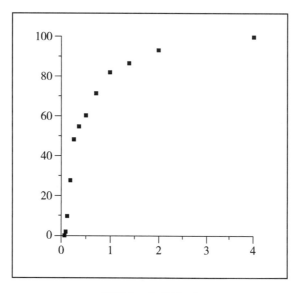

附图 8　生成 Plot2

b. 在"View"菜单下，保证"Object Manager"和"Property Manager"选项已被勾选，即显示窗口出现"Object Manager"和"Property Manager"的操作界面。

c. 单击 Y 轴，在"Property Manager"操作框里的"Axis"选项下进一步选择"Scale"类型，默认为"Linear"，单击该选项选择"Probability（% labels）"，在"Axis Limits"操作框下，按照自己意愿进行最大值与最小值的调整（如附图9所示）。

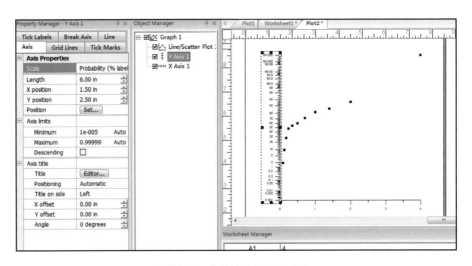

附图9　对 Y 轴进行变换操作

d. 在"Axis Limits"下方的"Axis Title"选项下，单击"Title"右边的"Editor"进行坐标轴命名，并可根据需求，调整文字的大小、位置（对于 X 轴的命名，该操作相同）。

e. 在"Object Manager"操作框下，取消勾选"Line/Scatter Plot 3""Line/Scatter Plot 2"和"Line/Scatter Plot 1"，此时，点击"Line/Scatter Plot 1"，在"Property Manager"操作框下的"Plot"选择"New Plot"右边的"Create"，在原图基础上新建一个图"Line/Scatter Plot 4"，双击命名为"1-1"。

f. 按照"Line/Scatter Plot 1"里散点图的分布，将其分为3节，本例中对于实验样品6，第1节为第1至第4点，第2节为第4至第8点，第3节为第9至第11点，点击"Line/Scatter Plot 4"，在"Property Manager"操作框下的"Plot"确认"Y Column"右侧选项为"Column B"，"First Row"为1，"Last Row"为3（即选择第1、第2和第3点）。然后可在"Property Manager"操作框下的"Symbol"里更改散点的类型和填涂颜色。

g. 单击最上方命令窗口中"Draw"里面的"Spline Polyline"，为第1节画上一条直线，模拟其趋势，并可通过"Property Manager"设置该线条颜色。

h. 最后，再加上右侧的 Y 坐标，作简单的曲线图，即累积频率曲线图。

（4）保存图片：点击上方命令窗口"Home"下的"Export"，在弹出的命令窗口

150

里选择文件类型"jpg"，并填好文件名，点击"保存"，此时会继续弹出一个窗口"Export Options - . jpg"，可在"Pixel Dimensions"下更改图片尺寸，在"Document Size"下设置像素"Pixel Per Inch"大小，一般设置为 600 即可（如附图 10 所示）。

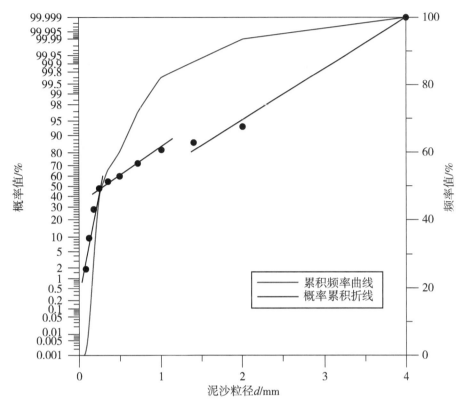

附图 10　图表类型的设置示意

附录 2 沉降分析法操作时间表

泥沙密度：2.65 g/cm³

d/mm	0.063	0.032	0.016	0.008	0.004	0.002
L/cm	25.0	20.0	15.0	10.0	5.0	3.0
Θ/℃	操 作 时 间					
5	1 分 50 秒	5 分 52 秒	16 分 31 秒	44 分 04 秒	1 时 28 分	3 时 31 分
6	1 分 47 秒	5 分 41 秒	16 分 01 秒	42 分 42 秒	1 时 25 分	3 时 25 分
7	1 分 43 秒	5 分 31 秒	15 分 32 秒	41 分 25 秒	1 时 23 分	3 时 19 分
8	1 分 40 秒	5 分 21 秒	15 分 04 秒	40 分 10 秒	1 时 20 分	3 时 13 分
9	1 分 37 秒	5 分 12 秒	14 分 38 秒	39 分 00 秒	1 时 18 分	3 时 07 分
10	1 分 35 秒	5 分 03 秒	14 分 12 秒	37 分 52 秒	1 时 16 分	3 时 02 分
11	1 分 32 秒	4 分 54 秒	13 分 48 秒	36 分 48 秒	1 时 13 分	2 时 56 分
12	1 分 29 秒	4 分 46 秒	13 分 25 秒	35 分 46 秒	1 时 11 分	2 时 52 分
13	1 分 27 秒	4 分 38 秒	13 分 03 秒	34 分 49 秒	1 时 09 分	2 时 47 分
14	1 分 25 秒	4 分 31 秒	12 分 42 秒	33 分 53 秒	1 时 08 分	2 时 42 分
15	1 分 22 秒	4 分 23 秒	12 分 22 秒	32 分 58 秒	1 时 06 分	2 时 38 分
16	1 分 20 秒	4 分 17 秒	12 分 03 秒	32 分 07 秒	1 时 04 分	2 时 34 分
17	1 分 18 秒	4 分 10 秒	11 分 44 秒	31 分 17 秒	1 时 02 分	2 时 30 分
18	1 分 16 秒	4 分 04 秒	11 分 27 秒	30 分 31 秒	1 时 01 分	2 时 26 分
19	1 分 14 秒	3 分 58 秒	11 分 09 秒	29 分 45 秒	59 时 30 分	2 时 23 分
20	1 分 12 秒	3 分 52 秒	10 分 53 秒	29 分 01 秒	58 时 02 分	2 时 19 分
21	1 分 11 秒	3 分 46 秒	10 分 37 秒	28 分 19 秒	56 时 38 分	2 时 16 分
22	1 分 09 秒	3 分 41 秒	10 分 22 秒	27 分 39 秒	55 时 17 分	2 时 13 分
23	1 分 07 秒	3 分 36 秒	10 分 07 秒	27 分 00 秒	54 时 00 分	2 时 09 分
24	1 分 06 秒	3 分 31 秒	9 分 54 秒	26 分 23 秒	52 时 46 分	2 时 06 分
25	1 分 04 秒	3 分 26 秒	9 分 40 秒	25 分 46 秒	51 时 32 分	2 时 04 分
26	1 分 03 秒	3 分 21 秒	9 分 26 秒	25 分 11 秒	50 时 21 分	2 时 01 分

续上表

$\Theta/℃$	操 作 时 间					
27	1 分 01 秒	3 分 17 秒	9 分 14 秒	24 分 37 秒	49 时 14 分	1 时 58 分
28	1 分 00 秒	3 分 13 秒	9 分 02 秒	24 分 05 秒	48 时 11 分	1 时 55 分
29	0 分 59 秒	3 分 08 秒	8 分 50 秒	23 分 34 秒	47 时 07 分	1 时 53 分
30	0 分 58 秒	3 分 04 秒	8 分 39 秒	23 分 03 秒	46 时 07 分	1 时 51 分
31	0 分 56 秒	3 分 01 秒	8 分 28 秒	22 分 35 秒	45 时 10 分	1 时 48 分
32	0 分 55 秒	2 分 57 秒	8 分 18 秒	22 分 07 秒	44 时 14 分	1 时 46 分
33	0 分 54 秒	2 分 53 秒	8 分 07 秒	21 分 39 秒	43 时 17 分	1 时 44 分
34	0 分 53 秒	2 分 49 秒	7 分 57 秒	21 分 12 秒	42 时 24 分	1 时 42 分
35	0 分 52 秒	2 分 46 秒	7 分 48 秒	20 分 47 秒	41 时 34 分	1 时 40 分
36	0 分 51 秒	2 分 43 秒	7 分 38 秒	20 分 22 秒	40 时 45 分	1 时 38 分
37	0 分 50 秒	2 分 40 秒	7 分 30 秒	19 分 59 秒	39 时 59 分	1 时 36 分
38	0 分 49 秒	2 分 36 秒	7 分 20 秒	19 分 35 秒	39 时 09 分	1 时 34 分
39	0 分 48 秒	2 分 33 秒	7 分 12 秒	19 分 12 秒	38 时 23 分	1 时 32 分
40	0 分 47 秒	2 分 31 秒	7 分 04 秒	18 分 50 秒	37 时 40 分	1 时 30 分

资料来源：中华人民共和国水利部. SL 42—2010 河流泥沙颗粒分析规程［S］. 北京：中国水利水电出版社，2010.

附录3 1990年国际温标纯水密度表

表中温度范围为0～100℃，其中0～40℃为常用范围，温度间隔为0.1℃；40～100℃的温度间隔为1℃。

单位：kg/m^3

T/℃	0	0.1	0.2	0.3	0.4	0.5	0.6	0.7	0.8	0.9
0	999.840	999.846	999.853	999.859	999.865	999.871	999.877	999.883	999.888	999.893
1	999.898	999.904	999.908	999.913	999.917	999.921	999.925	999.929	999.933	999.937
2	999.940	999.943	999.946	999.949	999.952	999.954	999.956	999.959	999.961	999.962
3	999.964	999.966	999.967	999.968	999.969	999.970	999.971	999.971	999.972	999.972
4	999.972	999.972	999.972	999.971	999.971	999.97	999.969	999.968	999.967	999.965
5	999.964	999.962	999.960	999.958	999.956	999.954	999.951	999.949	999.946	999.943
6	999.940	999.937	999.934	999.930	999.926	999.923	999.919	999.915	999.910	999.906
7	999.901	999.897	999.892	999.887	999.882	999.877	999.871	999.866	999.880	999.854
8	999.848	999.842	999.836	999.829	999.823	999.816	999.809	999.802	999.795	999.788
9	999.781	999.773	999.765	999.758	999.750	999.742	999.734	999.725	999.717	999.708
10	999.699	999.691	999.682	999.672	999.663	999.654	999.644	999.634	999.625	999.615
11	999.605	999.595	999.584	999.574	999.563	999.553	999.542	999.531	999.520	999.508
12	999.497	999.486	999.474	999.462	999.450	999.439	999.426	999.414	999.402	999.389
13	999.377	999.384	999.351	999.338	999.325	999.312	999.299	999.285	999.271	999.258
14	999.244	999.23	999.216	999.202	999.187	999.173	999.158	999.144	999.129	999.114
15	999.099	999.084	999.069	999.053	999.038	999.022	999.006	998.991	998.975	998.959
16	998.943	998.926	998.910	998.893	998.876	998.860	998.843	998.826	998.809	998.792
17	998.774	998.757	998.739	998.722	998.704	998.686	998.668	998.650	998.632	998.613
18	998.595	998.576	998.557	998.539	998.520	998.501	998.482	998.463	998.443	998.424
19	998.404	998.385	998.365	998.345	998.325	998.305	998.285	998.265	998.244	998.224
20	998.203	998.182	998.162	998.141	998.120	998.099	998.077	998.056	998.035	998.013
21	997.991	997.97	997.948	997.926	997.904	997.882	997.859	997.837	997.815	997.792

续上表

T/℃	0	0.1	0.2	0.3	0.4	0.5	0.6	0.7	0.8	0.9
22	997.769	997.747	997.724	997.701	997.678	997.655	997.631	997.608	997.584	997.561
23	997.537	997.513	997.490	997.466	997.442	997.417	997.393	997.396	997.344	997.320
24	997.295	997.27	997.246	997.221	997.195	997.170	997.145	997.120	997.094	997.069
25	997.043	997.018	996.992	996.966	996.940	996.914	996.888	996.861	996.835	996.809
26	996.782	996.755	996.729	996.702	996.675	996.648	996.621	996.594	996.566	996.539
27	996.511	996.484	996.456	996.428	996.401	996.373	996.344	996.316	996.288	996.260
28	996.231	996.203	996.174	996.146	996.117	996.088	996.059	996.030	996.001	996.972
29	995.943	995.913	995.884	995.854	995.825	995.795	995.765	995.753	995.705	995.675
30	995.645	995.615	995.584	995.554	995.523	995.493	995.462	995.431	995.401	995.370
31	995.339	995.307	995.276	995.245	995.214	995.182	995.151	995.119	995.087	995.055
32	995.024	994.992	994.960	994.927	994.895	994.863	994.831	994.798	994.766	994.733
33	994.700	994.667	994.635	994.602	994.569	994.535	994.502	994.469	994.436	994.402
34	994.369	994.335	994.301	994.267	994.234	994.200	994.166	994.132	994.098	994.063
35	994.029	993.994	993.960	993.925	993.891	993.856	993.821	993.786	993.751	993.716
36	993.681	993.646	993.610	993.575	993.540	993.504	993.469	993.433	993.397	993.361
37	993.325	993.280	993.253	993.217	993.181	993.144	993.108	993.072	993.035	992.999
38	992.962	992.925	992.888	992.851	992.814	992.777	992.740	992.703	992.665	992.628
39	992.591	992.553	992.516	992.478	992.440	992.402	992.364	992.326	992.288	992.250
T40/℃	0	1	2	3	4	5	6	7	8	9
40	992.212	991.826	991.432	991.031	990.623	990.208	989.786	987.358	988.922	988.479
50	988.030	987.575	987.113	986.644	986.169	985.688	985.201	984.707	984.208	983.702
60	983.191	982.673	982.150	981.621	981.086	980.546	979.999	979.448	978.890	978.327
70	977.759	977.185	976.606	976.022	975.432	974.837	974.237	973.632	973.021	972.405
80	971.785	971.159	970.528	969.892	969.252	968.606	967.955	967.300	966.639	965.974
90	965.304	964.630	963.950	963.266	962.577	961.883	961.185	960.482	959.774	959.062
100	958.345									

资料来源：李兴华. 密度计量［M］. 北京：中国计量出版社，2002.

主要参考文献

［1］ SOULSBY R L. Dynamics of marine sands ［M］. New York：Thomas Telford Publication，1997.

［2］ RIJN L C V. Principles of sediment transport in rivers estuaries and coastal seas ［M］. Amsterdam：AQUA Publications，1993.

［3］ WINTERWERP J C, VAN KESTEREN W G M. Introduction to the physics of cohesive sediment ［M］. Amsterdam：Elsevier，2004.

［4］ 钱宁，万兆惠. 泥沙运动力学 ［M］. 北京：科学出版社，2003.

［5］ 王颖，朱大奎. 海岸地貌学 ［M］. 北京：高等教育出版社，1994.

［6］ 张瑞瑾. 河流泥沙动力学 ［M］. 2 版. 北京：中国水利水电出版社，2008.

［7］ 中国质检出版社第五室. 实验室教学仪器设备安全标准汇编 ［M］. 北京：中国质检出版社，2011.

［8］ 中华人民共和国国家质量监督检验检疫总局，中国国家标准化管理委员会. GB/T 12763.2—2007 海洋调查规范　第 2 部分　海洋水文观测 ［S］. 北京：中国标准出版社，2008.

［9］ 中华人民共和国国家质量监督检验检疫总局，中国国家标准化管理委员会. GB/T 12763.8—2007 海洋调查规范　第 8 部分　海洋地质地球物理调查 ［S］. 北京：中国标准出版社，2008.

［10］ 水与废水监测分析方法编写组. 水与废水监测分析方法 ［M］. 4 版. 北京：中国环境科学出版社，2002.

［11］ 中华人民共和国住房和城乡建设部，中华人民共和国国家质量监督检验检疫总局. GB/T 50159—2015 河流悬移质泥沙测验规范 ［S］. 北京：中国计划出版社，2015.

［12］ 中华人民共和国水利部. SL 42—2010 河流泥沙颗粒分析规程 ［S］. 北京：中国水利水电出版社，2010.

［13］ 李兴华. 密度计量 ［M］. 北京：中国计量出版社，2002.

［14］ 中华人民共和国国家质量监督检验检疫总局，中国国家标准化管理委员会. GB/T 21780—2008 粒度分析　重力场中沉降分析吸液管法 ［S］. 北京：中国标准出版社，2008.

［15］曹慧美．华南沿海砂质海滩沉积物粒度特征分析［D］．厦门：国家海洋局第三海洋研究所，2003．

［16］徐兴永，易亮，于洪军，等．图解法和矩值法估计海岸带沉积物粒度参数的差异［J］．海洋学报，2010，32（2）：81－86．

［17］卢连战，史正涛．沉积物粒度参数内涵及计算方法的解析［J］．环境科学与管理，2010，35（6）：54－60．

［18］楼成林，周勤，方爱红．滤膜法测定悬浮物的影响因素［J］．环境研究与监测，2008，21（3）：26－27．

［19］喻丽红，刘楠．滤膜法测定悬浮物出现负误差的原因研究［J］．环境科学导刊，2014，33（4）：88－90．

［20］盛强．散光式浊度仪及信号处理研究［D］．太原：太原理工大学，2007．

［21］董凤鸣，周萍．EXCEL 在一元线性回归分析中的应用［J］．科技信息，2007（12）：144－146．

［22］冯胜．提高测定水中悬浮物准确率的方法［J］．化学工程与装备，2011，10（10）：204－205．

［23］FOLK R L，WARD W C. Brazos River Bar：A study in the significance of grain size parameters［J］．Journal of sedimentary petrology，1957（27）：3－26．

［24］陈曦．长江口细颗粒泥沙静水沉降试验研究［D］．青岛：中国海洋大学，2013．

［25］马艳霞，冯秀丽，叶银灿，等．比重计法和吸液管法粒度分析比较［J］．海洋科学，2002，26（6）：63－64．

［26］魏晓，汪亚平，杨旸，等．浅海悬沙浓度观测方法的对比研究［J］．海洋地质与第四纪地质，2013，33（1）：161－170．

［27］林振镇，贾良文，杨日魁，等．现场抽滤法在悬浮物浊度分析中的应用探讨［J］．水文，2017，37（2）：48－54．